이스라엘 프로젝트

권성욱

휴앤스트리

여행 작가가 별건가?

프롤로그

　'회사에서 하는 일도 아니고 무슨 프로젝트인가!'라고 혹자
는 말하겠지만 나는 꼭 한 번 이스라엘에 가보고 싶었다. 이
스라엘과 팔레스타인이 또 충돌했다느니, 몇 명의 민간인들
과 군인들이 죽거나 다쳤다는 뉴스를 꽤나 자주 접한다. 이
런 뉴스에 우리는(나 역시도 마찬가지였지만) '이스라엘은 자기네
들이 나치에게 당했던 역사를 잊었나', '팔레스타인이 불쌍하
다', '민간인을 상대로 무력을 사용해도 되나' 등의 가치 판단
을 아주 쉽게 한다. 그런데 궁금하지 않나? 실제로 누군가 죽
고 다치는 일에 대해 직접 눈으로 보지 않고 그런 판단을 해
도 될까? 나는 이런 이유로 예전부터 이스라엘에 갈 마음을
먹고 있었다.

이 책은 기본적으로 여행 수필이다. 말 그대로 여행 다니며 떠오르는 내 생각을 정리했을 뿐이다. 열심히 찍는다고 찍었지만 볼만한 사진이 많이 있지도 않다. '이곳을 가보았다' 정도의 사진밖에 없다. 휴대폰 하나 달랑 들고 다녔으니까. 그리고 마치 사실인 듯 써내려 갔지만, 진실을 전할 의무를 가진 기자도 아니기에 이 책의 내용은 사실과 다를 수도 있다. 그렇다고 허구는 아니지만, 만약 사실이 아닌 것 같다면 동일한 사건도 받아들이는 사람에 따라 다를 수 있는 인지의 차이 정도로 봐주면 좋겠다. 그 대표적인 것이 책 중간중간 만날 수 있는 대화인데 나의 기억을 최대한 더듬어 구성한 것이다. 그리고 한자와 영문을 병기한 것이 거슬릴 수 있겠지만, 내가 생각하는 바를 조금 더 명확하게 전달하고자 함이었으니 너그러운 마음으로 넘어가주길 바란다.

마지막으로 여느 책에나 있는 것을 나도 해본다.

먼저, 스스로 글을 쓰고 생각하게 해주신 서동구, 김규륜 박사님과 이동선, 김헌준, 신재혁 교수님께 감사드린다. 물론 이런 '의식의 흐름'을 출판까지 한다니 그분들께 매우 민망하고 죄송하기까지 하다. 그렇지만 박사님들과 교수님들은 내 생각을 이렇게나마 정리하고 글 쓰는 재미를 갖게 해준 분들이다.

또 나의 '의식의 흐름'을 읽고, 그나마 읽을 수 있게 편집해주고 출판까지 해주신 출판사 관계자들께도 감사드린다. 그러나 무엇보다도 항상 나에게 힘이 되어준 가족들에게 고마움을 전한다. 특히 여행하는 법과 상대를 배려하고 남에게 베푸는 마음을 가르쳐주신 어머니께 사랑의 마음을 전한다.

목차

이스라엘에

도착하는

날

이스라엘 건국 총리 다비드 벤구리온_{David Ben-Gurion}의 이름을 딴 벤구리온 국제 공항은 그리 크지 않았다. 우리나라 인천 공항만큼 큰 공항이 없기도 하지만 김포 공항보다도 작다는 느낌이었다. 그래도 기둥을 멋지게 장식해놓은 벤구리온 공항은 깔끔하고 특색 있게 지어진 공항이었다.

긴 비행 끝, 비행기에서 내려 입국 심사를 받으러 가는 길이었다. 공항 경찰 혹은 이스라엘 무장 경찰인듯한 사복 차림의 사내가 나를 멈춰 세우며 여권을 요구했다. 총기를 소지한 사람이 신분증을 요구하니 보여줄 수밖에. 본격적으로 보안의 국가 이스라엘인 것인가! 이 사내는 입국 심사관도 아니면서 나에게 이스라엘 방문 목적부터 기간, 숙소, 일정 등을 얘기해줄 것을 요구했다. 나는 상세히 얘기해주며(물론 미처 상세하지 못한 부분은 픽션으로 제공해줬다.) 한국어로 되어있는 귀국 비행 티켓도 보여줘야 했다. 이런저런 질문이 끝나자 내가 그 사내에게 무작위 검색random check이냐고 물어봤더니 그렇다고 했다. 이제까지 꽤나 여러 나라를 방문해봤지만 새로운 경험이었다. 낯선 보안 요원의 검색을 거치자 입국 심사도 만만치 않을 것으로 생각했다. 하지만 입국 심사는 아

입국장의 모습. 사진에서 보이는 이곳이 전부다. 정말 작은 공항이다.

주 평이한 질문만 했다. 이스라엘 여행을 다녀온 사람들에 의하면 입국 심사가 까다로운 경우가 있다고 했지만 나의 경우는 쉽게 지나갔다.

숙소로 가는 버스를 타기 위해 유심을 사서 공항을 나왔다. 나오는 길에 벤구리온 흉상을 만난 건 덤이었다. 경제적으로 잘사는 국가이기 때문에 택시비가 매우 비싸서 버스를 선택했다. 물론 단지 잘살아서 물가가 비싼 것은 아니고 항상 국가가 아랍 세계의 잠재적 공격으로부터 준准비상 체제를 유지하려다 보니 무엇이든 비쌀 수밖에 없는 것 같다. 그래도 다행히 버스는 9.5셰켈Shekel로 우리 돈으로 3,000원이 조금 넘었다. 나는 IT 강국 대한민국 사람답게 항

벤구리온 초대 총리의 흉상. 한눈에 보아도 다비드 벤구리온이라는 것을 알 수 있었다.

상 휴대폰이 꺼지지 않게 유지했기 때문에 어떤 버스를 타야 할지 정확히 파악하고 탔지만, 다양한 국적, 다양한 연령대의 관광객들은 버스 기사에게 자신의 행선지로 가는 버스가 맞는지 물어보고 탔다. 버스 기사는 무척이나 무뚝뚝했지만 손님들이 내려야 할 정류장을 다 알려줬고, 놀랍게도 심지어 버스 운행 도중에도 승객들의 행선지를 모두 기억하고 있었다. 나 같은 한국 사람은 구글 지도를 실시간으로 따라서 가지만 그렇지 않은 서양인들을 위해 기사님은 외국인이 듣기 어려운 이스라엘 버스 방송을 알고 있는지 일일이 정류장을 영어 발음으로 얘기해줬다. 길 가다가 길을 물어보는 관광객들에게도 퉁명스러운 목소리로, 그러나 친절하게 설명해줬다.

여행 내내 느낀 점이기도 했지만 이스라엘에 도착해서 가장 처음 느낀 점들 중 하나는 이들의 운전 습관은 우리나라 사람들의 운전 습관 못지않다는 것이다. 이스라엘 사람들은 운전할 때만큼은 급하고 난폭하다. 이렇게 격정적인 민족이니 어려운 환경 속에서도 세계 최대의 도시, 강한 국가를 만들어낸 것이 아닐까 싶었다.

이날 밤, 같은 분야를 공부했던 친구가 이스라엘에 도착한 내게 첫 인상이 어떠냐고 물었다. 밤 버스를 타고 오며 잘 지어진 공항, 길거리, 유흥가, 충분해 보이는 도시 인프라를 본 나는 이 나라를 이렇게 표현하고 싶었다. 척박한 사막에 이미 살고 있는 이들을 몰아내고 전숯 아랍을 적으로 만들어가며 억척스럽게 살아가고 있는 이스라엘이라고.

이스라엘

1일차

이스라엘에서의 첫 아침을 맞이했다. 아침 식사가 준비되기 전에 잠시 숙소 근처를 둘러보았는데 산책, 운동하는 사람들이 많았다. 한 나라의 수도에는 자기 자신을 잘 관리하는 사람들이 많은 것 같았다. 프랑스 파리를 가도, 미국 워싱턴을 가도, 대한민국의 서울을 가도 날씬하고 멋진 사람들이 많다.

9월의 끝 무렵 아침이었지만 우리나라의 한여름 한낮보다 더 더웠다. 밝을 때 나와 보니 전체적으로는 깔끔한 도시이나 가까이서 보니 꽤나 더러웠다. 보도블록에 얼룩이 많고 잡초가 곳곳에 무성하게 자라있다. 건물 또한 망가진 그대로 사용하는 경우가 많았다. 최근까지 전쟁을 많이 했던 나라여서

내가 이틀 간 머문 숙소

여러 나라 사람들이 머무는, 깔끔하고 사람들이 친절했던 숙소

그런지도 모르겠다. 그래도 이 나라 는 보스니아 헤르체고비나처럼 경제 수준이 낮지 않은 나라인데 그냥 사 용한다는 것이 의외였다. 이스라엘 에 오기 얼마 전 방문한 보스니아에 서는 내전 당시 망가진 건물들이 그 냥 남아있는 모습을 봤기 때문이다.

이스라엘의 살인적인 물가에 비해 비싼 숙소는 아니었지만 아침도 준다!

그럼에도 불구하고 일단 사용에 지장이 없으면 또 망가질지 도 모른다는 생각에 그냥 사용하지 않나 싶었다. 의외로 거리 의 쓰레기통이 더러웠다. 덩달아 파리도 많아서 끊임없이 움 직이지 않으면 쫓아내야 하는 경우가 많았다.

날이 항상 무더운 나라여서 그런지 식물들이 축 쳐져 있 는 인상이었다. 비가 오지 않으니 어쩌면 당연한 것 같았다. 그 덕분인지 열매나 꽃의 색이 그 어떤 사물이나 생명체의 색 보다 더 진하고 매혹적이었다. 특히 붉은 계열의 꽃은 우리나 라에서 볼 수 있는 자연의 색과 비교할 수 없을 정도로 선명 했다.

사진으로 보면 식물들이 생기 있어 보이지만 실제로 보면 사뭇 다르다.

야파 구시가지

아침을 먹고 텔아비브 남쪽의 야파Jaffa 구시가지로 향했다. 아침 8시가 조금 넘은 시간이라 각오했던 것보다 덜 덥기도 했고, 지도를 보니 5킬로미터 내외의 거리라서 걷기로 마음먹었다. 부둣가를 지나 해변이 보였다. 주말 아침인데도 수영하는 사람들이 많았다. 여름이라도 해가 높이 떠야 수영을 시작하는 우리나라에서 평생을 보낸 나는 이런 광경이 의외였다. 그러나 이내 텔아비브 사람들이 아침에 수영하는 이유를 잘 알 수 있었다.

텔아비브의 부둣가

아침부터 수영을 즐기는 텔아비브 사람들. 오후에는 나도 합류한다.

걷기 시작한 지 20분이나 지났을까, 너무 더워서 더 이상 걸을 수가 없었다! 이곳이 매우 더운 중동의 나라라는 것을 잠시 잊고 있었던 나는 걷기로 했던 생각을 얌전히 접고 버스를 탔다. 이스라엘에서 통용되는 교통 카드가 있었다. 나는 일단 현금이면 될 거라는 생각에 무턱대고 탔지만 영어를 잘하지 못하던 버스 기사는 나에게 교통 카드를 강매하다시피 떠안겨 줬다. 물론 여행 내내 텔아비브뿐만 아니라 예루살렘에서도 잘 사용하고 다녔지만.

버스 내부 온도만큼이나 시원시원하게 달리는 버스는 푸른 텔아비브 해변을 지나 야파 구(舊)시가지에 도착했다. 야파 구시가지는 오스만 제국이 점령했던 곳이라 그들이 사용했던 성벽이라든지 대포가 그대로 남아 있었다. 굽이굽이 좁은 성의 골목들은 영화에서나 나올 법한, 당장이라도 알라딘이 뛰어다녀도 될 만큼 잘 보존되어 있었다.(실제로 '알라딘'이라는 이름의 식당도 있었다.)

알라딘 식당. 실제로 가보지는 않았다.

오스만 제국 당시 성벽들과 옛 건물들

구시가지에는 역시나 시장이 있었다. 여느 휴양지 혹은 관광지 도시처럼 관광객들을 위해 발달한 시장이었다. 팔레스타인 구제부터 아랍 양탄자, 동남아시아의 특산품이라고 말할 수 있는 코끼리 바지도 팔고 있었다. 이 여행 오기 전 태국으로 출장을 다녀온 탓일까, 여기서 코끼리 바지를 팔고 있는 것이 이상하기도 했지만, 사실 어쩌면 중동(정확히는 페르시아겠지만)에서 코끼리 부대를 운용했다는 것을 감안한다면 여기서 코끼리 바지를 팔 수도 있겠다 싶었다.

길거리에 양탄자를 펼쳐놓고 판다. 한 번씩 지나가보고 느껴보라는 것일까?

오전과 점심까지 야파 구시가지를 돌아다녔다. 그리고는 관광객이 가장 많아 보이는 식당으로 갔다. 잘 모를 때는 사람들이 많은 곳을 가야 한다는 판단이었다.

역시 비싼 교통 수단과 마찬가지로 한 끼 식사도 우리나라 강남, 압구정 물가만큼 저렴하지 않았다. 그래도 여행의 큰 부분인데 식비를 아낄 수는 없었다. 양고기 케밥을 시켰는데 정말 맛있었다. 소스는 중동 특유의 맛이었고 고기도 매우 부드러웠다. 우리나라 풋고추 같은 큰 고추를 하나 줬는데 당연히 풋고추와 같은 맛을 기대하며 크게 베어 물었다. 그러나 이곳은 볕이 매우 따가운 나라였다. 풋고추처럼 생긴 고추는 상당히 매웠다. 그래도 이 매운 맛이 양고기에서 약간 느끼함을 느끼던 나를 도와줬다. 전반적으로 아주 만족스러운 식사를 했고, 만족의 표시로 꽤나 후한 팁을 테이블 위에 올려놓고 자리를 일어섰다.

점심을 한껏 먹고 구시가지 골목을 구석구석 돌아다녀 봤다. 패키지여행처럼 유명한 곳을 효율적으로 찾아 다니지 못하더라도 이곳 사람들이 실제로 살아가고 있는 모습을 보고 싶었다. 그게 또 자유 여행의 재미이자 목적이니까.

아파 구시가지 시장의 모습. 코끼리 바지도 보인다.

내가 건축에 대해 잘 알지는 못하지만 이스라엘의 건물들이 아주 멋진 건물들은 아닌 것 같았다. 그러나 매우 이국적이었다. 유럽의 건물들, 아시아의 건물들과는 다른, 정말 중동의 이국적인 건물들이 많았다.

아파 구시가지의 이국적인 풍경

야파 구시가지에 있던 성 베드로 성당

텔아비브에서 바라보는 지중해 모습

텔아비브는 해안을 따라 발달한 항구 도시인 만큼 하루 종일 바다를 끼고 돌아다녔다. 휴양지로만 발달한 나라들처럼 잔잔한 파도에 산호가 있어서 물속에 들어가면 아름다운 모습이 펼쳐지는, 동남아나 괌에서 볼 수 있는 바다는 아니었다. 그래도 수심이 충분히 낮고 햇살이 따사로워서 수영하기에 상당히 좋은 바다였다. 이런 좋은 기회를 놓칠 수 없어 서둘러 숙소에서 수영복으로 갈아입고 아침에 봐두었던 해변으로 갔다. 오후 3시가 넘었는데 해가 쨍쨍한 텔아비브의 날씨는 매우 더웠다.

이스라엘의 햇살은 누구나 한번쯤은 가봤을 사우나를 떠올리게 했다. 사우나 중에서도 건식 사우나에 가면 매우 뜨거워진 나무와 돌에서 나는 냄새를 맡아볼 수 있다. 얼마나 더운지 이스라엘 해안가나 부둣가에서는 종종 그런 냄새가 난다. 부둣가는 나무 패널로 바닥이 되어있고 해안가는 모래사장이었기 때문이다. 모래사장의 모래는 매우 뜨거워서 계속서 있기가 어려웠다. 뜨거운 햇살 덕분에 바닷물은 수영하기에 충분히 따뜻했다. 따뜻한 물이어도 따가운 햇살 아래 있는 것보다는 시원했다.

팔레스타인 사람과의 인터뷰

숙소에 돌아와서 테라스에서 쉬고 있을 때였다. 내 옆 자리에 한 여자가 앉게 되어 인사를 하게 되었다. 시작은 으레 외국에서 만나는 사람들이 하는 악수와 동반되는 가벼운 인사였다.

"안녕하세요. Hi."
"반가워요, 내 이름은 권이에요. Hey, I'm Kwon."
"난 라나라고 해요. My name's Lana."

그녀의 이름은 '라나'였고, 예루살렘 팔레스타인 지구에서 살아온 사람이었다. 그녀의 출신지에 흥미를 느낀 나는 그녀와 여러 이야기를 나누게 되었다. 그녀는 예루살렘에서 1995년에 태어났고

숙소의 테라스. 이곳에서 라나를 인터뷰했다.

운 좋게 요르단 여권을 소지하고 있는 팔레스타인 사람이었다. 운이 좋다고 생각한 것은 이 여자의 이야기를 다 들어보니 그렇다는 나의 생각이다.

그녀는 모든 서류상으로는 요르단인이지만 자신을 팔레스타인 사람이라고 소개했다. 그리고 파란색 팔레스타인 신분증을 소지하고 있었다. 예루살렘의 팔레스타인 사람들은 초록색과 파란색 신분증을 갖고 있는데 파란색은 상대적으로 자유로운 이동이 가능한 반면 초록색은 매번 체크포인트에서 검문 검색을 받아야 한다고 했다.

이어서 그녀의 가족을 소개해줬다. 그녀의 가족은 요르단에 집이 있었으나 예루살렘에서의 파란색 출입증을 유지하기 위해서 예루살렘에 월세(정확히 알 수 없으나 '렌트rent'라고 표현했고, 전세의 개념은 한국에만 존재하기에 월세이지 않을까?)로 살고 있다고 했다. 아버지는 종교에 엄격한 사람이었으나 어머니는 다소 개방적인 사람이라고 했다. 그는 두 명의 오빠와 한 명의 언니가 있는데 오빠 중 한 명은 다른 나머지 형제자매와는 달리 극렬한 활동가라고 했다. 이스라엘의 시스템과 팔레스타인 정부가 하는 일에 비판적인 소셜 네트워크 서비스sns 계정을 운영하고 있고, 1,000명 정도의 구독자를 갖고 있다고 말했다.

일자리를 찾아 이스라엘, 텔아비브로 건너온 그녀와는 달리 그녀의 나머지 형제자매들은 두바이에서 살거나 유럽에 있다고 했다. 두바이에 사는 오빠는 초록색 신분증을 가진 여자와 사랑에 빠져서 팔레스타인 구역에 있으면 어차피 통행에 자유가 제한된다는 생각에 두바이로 이주했다고 한다. 언니의 경우 또 다른 이유의 자유를 찾아 유럽에서 산다고 했다. 라나 본인 역시 독일로 이주할 생각을 갖고 있다고 했다. 그녀는 팔레스타인 인권, 특히 여성 인권에 많은 관심이 있었다. 하지만 체계적으로 정리되었거나 많은 생각을 거친 정제된 사고는 아니었다. 깊게 파고들어 물어보니 뚜렷한 이유를 듣기 어려웠기 때문이다.

그러나 그녀의 심정은 충분히 안타까웠다. 예루살렘 내 팔레스타인 구역에서는 여성이 자전거를 타는 것조차 허용되지 않고, 잘 알려져 있다시피 여전히 명예 살인이 자행되는 등 여성 인권 상황이 열악하다고 했다. 한국에서의 여성 인권 활동에 대해 간략히 설명해주니 라나는 분개했다. 그녀의 의견에 따르면 여성 인권은 전 세계적인 차원에서 다뤄져야지 지역 차원에서 다뤄져서는 안 된다고 했다. 그러니까 선진국에서 말하는 소위 '속옷 상의를 입지 않을 권리', '임금 격차', '직업에서의 차별' 등은 배부른 소리이며 부차적인 것이고 진정한 여성 인권을 말하는 것이 아니라고 했다.

그녀의 이야기를 듣다 보니 그녀의 여성 인권 신장에 대한 주장은 지역이나 국가를 초월한다는 점에서는 상당히 공산주의 성격과 닮은 점이 있었다. 코민테른Comintern이라고 있지 않은가. 공산주의가 국경을 초월하여 노동자 계급끼리 뭉쳐야 하고 부르주아를 적대시한 것처럼 그녀가 생각하는 여성 인권은 전 세계적으로 여성 인권을 전반적으로 신장시켜야 하지 일부의 '배 부른 소리'는 진정한 여성 인권을 위한 것이 아니라는 것으로 그녀의 의견을 정리할 수 있었다. '여성'은 보편적인 개념이지 특정 국가의 집단이 아니라는 것이 그녀가 말하고자 하는 바인 듯하다.

　이 정도의 이야기를 마치고 그녀는 친구들을 만나러 자리를 떴다. 이스라엘의 수도 텔아비브에서 만난 팔레스타인 여성의 이야기는 흥미로웠다. 하지만 앞서 말한 바와 같이 그녀의 생각이 체계적이거나 정리가 잘 되었다고 생각하지 않은 이유는(물론 나의 편견일 수도 있겠지만) 인터뷰를 끝마친 그녀가 친구들과 술과 마약을 찾으러 갔기 때문이다.

　어쨌든 흥미로운 대화였다. 나는 이 이야기를 곰곰이 되짚으며 텔아비브의 밤 해변가를 산책하고 숙소로 돌아왔다.

텔아비브 밤 바다 부둣가

이스라엘

2일
차

이스라엘에서 맞는 두 번째 아침이었다. 이날은 예루살렘으로 떠나는 날이었다. 그러나 여행의 기본을 잊고 있었다. 이 나라의 국경일인 것을 몰랐다. 비행기표만 예매해놨지 사실 많은 준비를 하지 않았으니 어쩌면 당연히 겪게 되는 일이라고 생각했다. 하지만 사실 준비할 시간이 부족했다고 말하고 싶다. 실제로 출발 전날까지 야근을 했으니까.

　숙소 로비에서 일하는 한 사내에게 예루살렘으로 가는 방법을 물어봤지만, 뾰족한 수가 없다며 운이 좋으면 길가에 합승 8인승 택시가 있을 수 있다고 했다. 물론 그는 아주 비싼 택시를 타면 안 될 것은 없다는 말을 덧붙였다. 급하게 인터넷에서 찾아보니 예루살렘까지 택시를 타면 택시 요금이 모스크바에서 텔아비브까지 항공료만큼 나온다는 이야기를 보았다. 하지만 나는 대한의 군필자 아니던가! 합리적인 가격에 가는 방법이 희박해 보였지만 불가능한 것은 없었다.(물론 난 해병대를 나오지 않았으며 딱히 군필자라고 열심히 하는 것 또한 아니다.) 유럽과 같은 선진 사회이기에 휴일(특히 종교적 국경일)은 철저히 지키는 이스라엘이었지만, 이 현대적인 국가에서 국경일이라고 어디를 가지 못한다는 것은 있을 수 없었다. 물론 평소보다 비용이 조금 더 들겠지만 말이다.

두 번째 와보는 벤구리온 국제 공항, 또 밖도 작은 공항이다.

일단 공항까지 택시를 타고, 공항에서 합승 택시인 셰루트를 타기로 했다. 불행 중 다행으로 공항까지 비싼 택시비(150 셰켈)를 나눌 러시아인을 만나서 같이 타고 갔다. 공항에 도착하여 그를 보내고 나는 예루살렘행 셰루트를 탔다. 유럽인들도 있었고 별로 반갑지 않은 우리나라 사람도 있었다. 타지에서 만나는 우리나라 사람은, 모든 경우에 그런 것은 아니지만, 대부분의 경우에 꽤 불편하다. 이상하게 우리나라 사람들은 타지에서 서로를 만나면 불필요하게 말을 걸고 불필요한 정보를 주고 받아서, 그야말로 불필요한 만남으로 만드는 경향이 있기 때문이다.

하지만 이것 역시 불행 중 다행인가, 나의 생김새와 옷차림은 여느 한국인 같지 않았는지(물론 나만의 착각일 수 있는데, 착각은 자유다.) 말을 걸지는 않았다. 텔아비브에서 공항까지도 정말 금방 갔지만 공항에서 예루살렘까지도 정말 짧은 시간 만에 갔다. 전자는 20분, 후자는 40분 정도였다. 물론 도착하는 날과 1일 차에서 느낀 것처럼 이스라엘의 운전자들은 소위 말하는 '분노의 질주' 기질이 있어서 빨리 도착한 것 같기도 하다.

오는 길의 이스라엘의 모습은 텔아비브의 모습과는 약간 달랐다. 그리고 내가 상상했던 것과도 매우 달랐다. 여느 나라 도시와 도시 사이의 시골의 모습이었고, 생각보다 사막은 아니었기 때문이다. 흔히 중동, 이스라엘, 이집트, 이라크 지역을 떠올리면 끝도 없이 펼쳐져 있는 모래 평원을 생각하기 쉽기 때문이다.

이스라엘의 시골에는 올리브 농장도 있었고 약간의 초지도 있었다. 물론 아무도 가꾸지 않은 버려진 듯한 땅도 더러 있었다. 아직 900만 정도의 인구로는 다 경작할 수 있는 수준은 아닌가 싶었다. 생각이 여기까지 미치니 '이 땅이 모두 필요한가'라는 생각이 들기도 했다. 물론 국토는 넓을수록 좋고, 인구는 많을수록 좋은 것은 사실이다. 혹자는 땅과 사람이 있으면 무엇에 좋으냐 하겠지만, 쉽게 말해 땅이 넓으면 먹을 것이 많고, 사람이 많으면 확률적으로 국가의 번영에 보탬이 되는 인재가 많으니까.

텔아비브에서 예루살렘으로 가는 길. 두 도시를 연결하는 도로는 거의 직선으로 연결되어 있었고, 정비가 아주 잘 되어 있었다.

뉴스에서만 보던 그 도시, 예루살렘

사막의 모습에 대한 나의 고정 관념, 국토, 인구에 대한 생각을 하고 있으니 매섭게 달리던 차량은 예루살렘의 초입에 들어섰고, 현대 도시인 텔아비브와는 달리 사막색의 예루살렘 건물들이 내 시야를 가득 채웠다. 아, 사막의 도시인가! 굉장히 의외였던 것은 예루살렘에 다가서니 큰 나무가 있는 지역도 있었다. 그런 나무들은 없을 것이라고 생각했다.

어제처럼 이스라엘의 낮은 정말 더웠다. 10시 조금 못 미친 시간이었지만 이미 태양은 충분히 뜨거웠다. 그럼에도 불구하고 5시면 많은 곳이 문을 닫았기 때문에 숙소에 얼른 짐을 풀고 내 자신을 재촉했다.

예루살렘 관광 지도를 펼쳐놓고 숙소에서 아메리칸 콜로니 호텔American Colony를 경유하여 예루살렘 구시가지를 가보기로 마음먹었다. 가는 길에 예루살렘 시청과 관공서 건물을 지나쳤는데 텔아비브와는 또 달리 굉장히 깨끗하고 잘 정비되어 있었다. 시청은 이스라엘 국기와 시청 휘장 깃발이 길게 내려와 있는 건물이어서 공산당이 지었을 법한 건물의 느낌을 받았다.(물론 이것은 나의 선입견이다.)

구불구불한 예루살렘의 골목을 한참 지나서야 아메리칸 콜로니 호텔 입구에 도착했다. 이곳은 복잡한 중동 정세, 특히 이스라엘을 둘러싼 세계 외교사에서 자주 등장하는 호텔이었다. 정상 회담이나 국제 회의가 열린 곳은 아니었다고 한다.

시청

시청 앞 관공서 건물. 오후가 되어 비교적 날씨가 선선해지고 사람이 많아지니 천막에 무장 경찰이 근무하기 시작한다.

물론 밤에는 그 경찰의 숫자도, 무장 정도도 더 늘어났다.

직접 가보니 그럴 곳도 되지 못했다. 아주 약간이나마 경호 업무를 해봤지만 정말이지 아메리칸 콜로니 호텔은 그럴 만한 곳이 아니었다. 호텔의 진입로와 출로가 좁고 주변이 다른 건물들로 막혀있어서 요인들을 보호해야 할 경호원들 입장에서는 정말 좋지 못한 곳이었다. 국가 수반들이 이용한 곳은 아니지만, 이 호텔은 백색 외교관들이 공식적으로, 또 다른 때에는 비공식적으로 접촉해서 자국의 의견을 나눈 곳이라고 한다. 물론 백색 외교관뿐만이 아니라 '베일에 가려진' 외교관들이 많이 와서 더 알려진 호텔이라고 한다. 입구에서 조금 더 들어가보고 싶었으나 시간이 많지 않은 나는 예루살렘 구시가지로 발걸음을 재촉했다.

사실 아메리칸 콜로니 호텔로 가는 길에 성 조지 성당을 우연히 들어가게 되었다. 자유 여행의 묘미라고 할까, 예정에 있는 곳을 못 가는 일이 생기기도 하지만 예정에 없는 곳을 우연히 찾게 되는 맛이 있다. 마치 인디아나 존스가 악당으로부터 쫓기다가 도망쳐 들어간 곳에서 오래된 보물을 만나게 되는 느낌이랄까?

아메리칸 콜로니 호텔 입구와 전경. 시간이 넉넉했다면 들어가보고 싶었고, 여행비가 넉넉했다면 꼭 한 번 머물러보고 싶은 곳이었다.

성 조지 성당은 순례자를 위한 숙소도 운영하고 있었다. 본당에 들어서자 나처럼 우연히 구경 온 가톨릭 신자들 몇 명밖에 없었다. 성 조지 성당의 본당은 소박하지만 굉장히 평화로웠고 천장 구조가 특이했다. 기본적으로 석조 건물이었으나 천장은 목조로 되어 있었다. 나중에 알게 되었지만 이스라엘에서 방문한 성당들은 의외로 목조 천장을 갖고 있는 경우가 종종 있었다.

성 조지 성당 입구

성 조지 성당 내부 모습. 목조 천장이 인상적이고 스테인드글라스
없이 햇살이 잘 들어오게 해놓았다.

성당 외관. 아담했지만 충분히 멋진 곳이었다.

자세히 보지 않으면 교정 시설이라고 착각할 수 있을 것 같다.

성 조지 성당이 위치한 구역은 거의 단지에 가까웠다. 초등학교부터 대학교까지 함께 붙어 있었고, 길 건너에는 성 조지 호텔도 있었다. 하지만 성 조지 단지 옆에는 더욱 눈길이 가는 건물들이 있었다. 이스라엘 법원과 정부 행정 건물들이었다. 이 건물들을 둘러싸고 있는 높은 철조망, 회전 철문 등은 아무것도 모르는 이들이 본다면 충분히 감옥이라고 말할 수 있을 것 같았다. 그 이유는 말하지 않아도 명백했다. 예루살렘은 이스라엘 사람들이 점령하고 있는 자신들의 수도라고 주장하는 곳인데, 팔레스타인과 섞여 살아가고 있는 곳이기 때문이다.

다마스쿠스 성문

이곳이 성지인가!

골목골목을 지나서 예루살렘성城, 다마스쿠스 문Damascus Gate에 도착했다. 정말 영화에서 보는 듯한 그런 아랍 세계(라고 표현하면 이스라엘이 화를 내겠지만 제3자에게는 이국적이니까!)가 눈 앞에 펼쳐졌다. 오는 비행 편에서 기내식을 먹으며 영화 '알라딘'을 시청해서 그런지 다마스쿠스 성문과 그 성벽들은 실제로 크지는 않았지만 구조는 충분히 웅장했고, 할리우드 영화의 미술 감독이나 컴퓨터 그래픽 담당자들의 묘사가 단순히 상상에서 비롯된 것은 아니라는 생각을 하게 되었다. 역시 인간의 상상력은 보고 들은 경험을 근간으로 하는 것 같다.

다마스쿠스 문에서 미리 볼 수 있는 지도. 다마스쿠스 문은 예루살렘 구시가지의 12시 방향, 북쪽에 있다.

이날 나는 다마스쿠스 문에서 시작하여 무슬림 지구, 템플 마운트Temple Mount, 올리브산, 다시 무슬림 지구를 통과하여 기독교 지구를 갔다가 야파Jaffa 성문으로 나왔다. 잘 걷는다고 자부하는 나였지만 날이 매우 더웠기에 쉽지 않은 일정이었다.

어제 만났던 팔레스타인 여자 라나가 그랬다. 예루살렘 구
시가지는 모두가 공존하는 지역이지만 이스라엘 무장 경찰이
있기에 실질적으로 이스라엘 주권이 절대적인 곳이라고. 그녀
의 말처럼 다마스쿠스 성문에서부터 이스라엘 무장 경찰들의
경비 초소가 가장 먼저 눈에 띄었다. 다마스쿠스 성문에는 항
상 사람들이 많은지 초소가 두 곳이나 있었다. 우리나라와 같
은 소위 '민주 경찰'과는 거리가 멀었다. 그들은 대체로 '단독
군장'이었지만 두세 명으로도 충분히 군중을 제어할 수 있는

다마스쿠스 성문 우측과 계단 위에 있는 것이 이스라엘 무장 경찰의 초소이다.

헬멧, 경찰봉, 방검복, 권총, 소총 등의 '알찬' 구성의 장비를 갖추고 있었다. 하지만 관광객 입장인 나는 오히려 그들이 있어서 든든했다. 팔레스타인들에게는 미안한 일이지만 이스라엘 경찰이라도 제3자인 나에게까지 강압적으로 할 이유는 없기 때문이었다. 다시 말해 그들의 존재가 소매치기나 강도의 위협으로부터 관광객들을 지켜주었기 때문이다. 물론 자살 폭탄 테러와 같은 대규모 살상이 벌어진다면 그 누구도 어쩔 수 없다.

이스라엘 경찰들을 뒤로 하고 성문 안으로 들어간 나는 깜짝 놀랐다. 크로아티아 두브로브니크나 스플리트에서도 성문에 들어서자마자 상점과 실제 사람들의 거주지가 눈에 보였지만 예루살렘은 달랐다. 전자는 사람들이 생계를 위해 그곳에서 장사를 하는 경우가 많은 것 같았지만 후자는 사람들이 실제 성 안에서 대대로 살아오고 있었다. 정말 과거와 현재, 그리고 미래를 살아가고 있는 도시였다. 예루살렘은 과거의 유적이 남아있는 곳이 아니라 현재의 삶이 이어지고 있는 곳이었다.

예루살렘의 흔한 길거리 모습. 좁은 도로 양쪽의 즐비한 가게의 안쪽에는 가정집들이 있었다.

가정집 문을 열고 나가면 유적지를 만날 수 있다. 생활 수준을 떠나 말한다면 엄청난 혜택이다!

비행기를 타러 갈 듯한 이 느낌. 여행이 끝날 때쯤에는 이스라엘에서는 이런 모습이 자연스럽다는 것을 느끼게 된다.

북적대는 상점들 사이로 자동차와 오토바이도 다녔고, 중간중간 이스라엘 무장 경찰들이 경계 근무를 서고 있었다. 아랍 지구로 들어가서 그런지 팔레스타인을 상징하는 스카프나 아랍의 복장들을 많이 팔았다. 아랍 음식점들이 많았기에 나는 케밥으로 허기를 달래고 그 유명한 '통곡의 벽'으로 향했다. 아쉽게도 어제의 케밥보다는 맛이 덜해서 아쉬웠지만, 아주 이색적인 곳에 온 나는 주위가 신기한 나머지 아쉬워할 여유 없이 서둘러 자리를 떴다.

　통곡의 벽은 영어로 '서쪽 벽_{West Wall}'이라고 했다. 물론 대문자로 적혀있어 고유 명사이긴 하지만 우리말처럼 통곡의 벽이라고 부르진 않았다. 통곡의 벽으로 가는 길에는 금속 탐지기까지 있는 검색대를 통과해야 했다. 성지를 보호하려는 것인지, 성지에 가는 이스라엘 사람들을 보호하려는 것인지, 이렇게까지 하면서 예루살렘을 지켜야 하는지 의문이 들었다.

　삼엄한 검색대를 통과해서 들어선 통곡의 벽 광장은 사람들로 붐볐다. 남녀 차별이 만연한 중동이라서 그런가, 통곡의 벽은 화장실 마냥 남녀 구역으로 나뉘어 있었다. 그리고 여자 구역은 많은 사람들이 좁은 공간에 몰려 있었는데, 남자 구역은 넓은 구역에 듬성듬성 있었다. 이런 점에서는 우리나라야말로 남녀평등을 실현하는 나라가 아닐까 싶었다. 또 신기한 점은 통곡의 벽 광장에서 통곡의 벽 방향으로 사진을 찍지 못하게 하는 것이었다. 성스러움을 존중하라는 것이었는데 나중에 템플 마운트로 올라가며 더 잘 찍을 수 있는 곳에서는 아무도 제지하는 사람이 없었다. 그리고 그 이름처럼 통곡하는 이는 아무도 없었다.

그 유명하다는 통곡의 벽은 의외로 작다. 흰색 차양을 기준으로 좌측이 남자 구역, 우측 템플 마운트로 가는 구름다리 밑이 여자 구역이다.

그 유명한 통곡의 벽보다는 통곡의 벽 광장에서 벽 반대 방향에 병풍처럼 펼쳐져 있는 예루살렘의 높은 건물들이 나에게는 더 인상적이었다. 현대적으로 보수된 이 사막색의 건물들은 이글거리는 태양과 아주 잘 어울렸다. 눈에 띄는 것은 곳곳에 이스라엘 국기가 걸려 있거나 건물 옥상에 꽂혀서 바람에 나부끼고 있었다. 분명 이곳은 예루살렘으로 서로 다른 종교가 섞여 있는 구역인데도 말이다. 주변을 둘러보니 더 많은 이스라엘 국기가 나부끼고 있었다. 그 중 팔레스타인 깃발은 찾아볼 수 없었다. 게다가 이스라엘 무장 경찰은 많았다. 거듭 말하지만 이곳은 이스라엘 땅이 맞는 것 같다.

정말 너무 더워서 피부가 따갑고, 더 이상 움직이기 싫을 정도였지만 예루살렘(이라고 하기보다는 이슬람)의 또 하나의 상징인 템플 마운트를 가보기로 했다. 이슬람의 상징이자 자존심이기도 하기에 템플 마운트로 가는 길도 삼엄한 경비와 금속 탐지기를 통과해야 했다. 통곡의 벽으로 가는 길보다 더 많은 이스라엘 무장 경찰이 있었다. 템플 마운트와 알아크사 모스크가 있는 곳인지라 관광객을 통제하는 무슬림 경비들이 있었다. 그러나 이들은 복장도 통일되지 않았고 무기도 없었다. 그 와중에 이스라엘 무장 경찰들은 다른 구역에서보다 더 중무장을 한 상태로 삼삼오오 순찰을 돌았다.

템플 마운트는 예루살렘의 사막색 건물과 성벽 사이에서 화려한 색깔을 뽐내고 있었다. 가끔 분류가 다르기도 하지만 흔히 메디나, 메카, 예루살렘이 이슬람의 3대 성지라고 하는데,

템플 마운트로 가는 구름다리 위에서 본 통곡의 벽. 외국인이 보기에 남녀 차별이 굉장히 심한 것 같다.

템플 마운트가 바로 예루살렘을 이슬람 성지로 만든다고 봐야 할 것 같았다. 그리고 당연히 이슬람 왕인 살라딘Saladin(원래 인물의 이름은 그 나라 말인 유수프Yusuf로 읽어줘야 하지만 편의상 우리에게 익숙한 서양식 호칭인 살라흐 앗 딘Salah ad-Din을 줄인 살라딘이라고 하겠다.)이 이곳을 목숨 걸고 뺏으려고 한 이유를 알 수 있었다. 단순히 모스크가 있고 사원이 있는 곳이라기보다 이슬람의 상징과 자존심이 있는 곳이었다. 이런 이슬람의 자존심의 한 가운데에서 팔레스타인 깃발 대신 이스라엘 국기만 사방에서 휘날리고 있었다. 그리고 무슬림 경비들은 초라했으며 이스라엘 무장 경찰들의 강한 무장에 압도 당하는 것을 보고, 팔레스타인 사람들이 무기력하다는 사실이 당연하다고 느껴졌다. 물론 다른 이슬람 제국의 상징도 많겠지만 템플 마운트와 같은 핵심도 이스라엘의 점령하에 놓여 있는 것을 바라보기만 해야 하는 안타까움과 슬픔을, 무슬림도 아닌 내가 통감했다.

템플 마운트에서 내려와서 예수님의 길Via Dolorosa을 따라 가던 중 사자의 성문을 나가기 직전에 성 안네 성당에 들렀다.

구름다리에서 건너온 곳. 찌는 듯한 더위에도 여성들은 추가로 옷 가지를 걸쳐야 했다. 이스라엘 경찰들은 정말 위압감이 넘치게 자동 소총으로 무장을 하고 다닌다.

밖에서 볼 때 예루살렘에서 잘 볼 수 없었던 싱그러운 풀과 나무가 있어서 뜨거운 열기에 지친 내가 조금 쉴 수 있는 '사막의 오아시스'와 같았다. 그곳은 이 지역의 여러 전란 통에 프랑스 정부가 후원하고 관리하는 성당이었다. 사막의 오아시스로 들어서는 순간, 누군가가 나를 다급하게 불렀다.

"어, 잠깐 잠깐! Hey, hey! Hello, hello!"

웬 현지인 아저씨가 나를 잡아 먹을듯한 목소리로 멈춰 세웠다.

"티켓 사야지. Ticket, ticket!"
"얼마에요? How much?"
"10세켈이야. 그런데 어디서 왔나? Ten Shekel. You from where?"
"한국이요. 한국 사람이에요. Korea, I'm Korean."
"오! 한국, 있지. Oh! I have Koreaaaaan."

처음에는 아주 퉁명스러운 목소리로 티켓을 사야 한다며

템플 마운트의 화려한 모습. 아쉽게도 들어가는 시간이 맞지 않아 들어가보지는 못했다. 주변이
온통 사막색인 곳에서 빛나는 푸른 타일이 정말 멋있었다.

날 불러 세워놓고는 씨-익 웃으며 한국어로 된 안내지까지
챙겨주었다. 이곳 사람들의 첫인상은 정말 퉁명스럽다. 잘 웃
지 않는 우리나라 사람들과 비슷하다고 해야 할까 싶다.

성 안네 성당은 예루살렘의 다른 곳과는 달리 꽃, 풀과 나
무가 잘 꾸며진 곳이었다. 사막이라도 돈이 많아 이런 곳에서
살 수 있다면 나쁘지 않겠다는 생각이 들었다. 성당 안으로
들어가자 노래 소리가 들렸다. 예루살렘은 성지라서 그런지

오아시스와 같은 성 안네 성당. 아름다운 정원은 잠시 쉬어가기 정말 좋았다.

성 안네 성당의 본당 안에서 밖을 바라보니 흑인 성직자가 긴 의자에 앉아 쉬고 있었다. 사진으로는 다 표현하지 못했지만, 성당과 빛과 하얀 사제복을 입은 흑인 성직자의 모습은 카메라에 꼭 담고 싶은 모습이었다.

기독교 신자들을 많이 볼 수 있는데 그룹으로 줄지어 다니며, 종종 길에서 성가를 부르면서 다닌다. 특히 목청이 좋은 유럽 할아버지, 할머니 한두 명은 성당 안에서도 첫 소절을 기막히게 뽑아낸다. 그러면 나머지 사람들이 따라 부르는데, 햇빛이 잘 드는 성당 안 시원한 그늘 한편에 앉아서 이런 성가를 듣다 보면 없던 신앙심도 생기려고 한다.

없던 신앙심도 조금 챙기고 체력도 약간 회복하여 성 안네 성당을 나왔다. 원래는 마리 막달라 성당을 가보고자 했지만 한참을 돌아가야 했고, 난 이미 너무 지쳐 있어서 전망대로 향했다. 전망대로 가는 길은 다소 경사가 있는 길이었는데 밤에 갔으면 정말 좋은 산책길이었을 테지만 오후 4시에는 예수님의 고행길이 따로 없었다. 이런 말을 하면 신자들에게 강도 높은 비난을 받겠지만 청바지를 입고 있었던 나는 '예수님이 이렇게 힘드셨을까'라는 생각이 들 정도로 많이 더웠다. 또 어찌나 그늘은 없던지 몇 번이나 돌아 내려가고 싶은 마음이 들었다.

올리브산 전망대에 올라서니 예루살렘이 한눈에 보였다.

올리브산 전망대에서 바라본 예루살렘의 모습. 지금 보더라도 큰 도시인데, 그 옛날에는 얼마나 큰 도시였을지 상상하기 어렵다. 예루살렘 성 앞쪽으로 유대인 묘지가 보인다.

전망대에서 내려오며 바라본 예루살렘. 뒤를 돌아보니 유대인 묘지도 가까이서 볼 수 있었다.

물론 야파 성문까지는 보이지 않았지만 템플 마운트나 알아크사 모스크, 잠시 뒤에 가볼 거룩한 무덤 성당을 모두 볼 수 있었다. 그리고 또 하나의 감탄할 만한 경관은 유대인 묘지였다. 인터넷에 예루살렘을 검색하면 한 번쯤 봤을 그런 사진인데 넓은 언덕에 사막색 묘비를 뉘어 놓은 그런 공간이었다. 이곳은 분명 동예루살렘, 팔레스타인 지역임에도 불구하고 이렇게 대규모 묘역이 있고 이스라엘 국기가 많이 나부끼고 있는 것을 보면 두 세력 간 관계는 더 이상 설명이 필요하지 않았다.

전망대는 나와 같이 혼자 여행하는 사람들뿐만 아니라 관광버스로 오는 단체 관광객들도 많이 찾는 관광 명소였다. 자연스럽게 기념품 파는 사람들이 많았고, 심지어 낙타를 타 볼 수도 있었다. 전망대에서 한참(이라고 하기엔 15분이었지만 혼자 여행하다 보니 15분은 꽤 길었다.)을 쉬고 나니 체력을 많이 회복했다. 그래서 내려갈 때 택시나 낙타를 타고 내려갈까 고민도 했지만 다행히 내 발로 내려갈 수 있었다. 또 이스라엘의 도로 사정상 낙타를 탔다가는 뒤따르는 운전자들에게 엄청난

경적을 맞을 것 같았다.

올라온 길을 다시 내려가서 예수님이 끌려갔다는 사자 성
문 길, 예수님의 길을 따라 거룩한 무덤 성당을 향해갔다. 입
장 마감 시간에 임박해서 그런지는 몰라도(다음 날 한 번 더 들러
보니 꼭 그런 것도 아니었지만!) 사람이 정말 많았다. 과연 이곳이
기독교 지구의 가장 인기 있는 장소라고 할 수 있었다. 들어
서자마자 성물聖物이 있었는데 사람들이 연신 가지고 온 자신
의 성물을 문지르며 축성을 했다. 꼭 신부님이 아니라도 축성

안타깝게도 공사 중이어서 정문과 지붕을 제대로 볼 수 없었다.

이 되는 것 같아 나름 편리해 보였다.(보통 성스러움을 불어넣어주는 '축성'은 신부님이 해준다.)

이 성당의 이름은 거룩한 무덤 성당이라고 예수님이 묻힌 곳이라고 하지만 증거는 없다고 한다. 성당에 가고 싶을 때만 가는 '편리한' 가톨릭 신자이자 고등학교 때 이과였고, 지금도 과학을 매우 좋아하는 나로서는 증거가 있다 한들 그리 중요하지는 않았다. 다만 많은 사람들이 그렇게 믿는 것이 중요한 것이라고 생각한다. 과학이든 종교든 결국 사람들이 그렇게 믿기에 과학적 사실이 되는 것이고,

사람들이 연신 문지르는 성물

종교적 신앙이 되는 것이라고 생각한다. 어쨌든 그러한 성당인데 매우 놀라운 것은 성당 안에 자그마한 성당이 하나 더 있었다. 정확히 말해서 예수님이 안치되었다고 추정되는 곳인데 작은 성당의 모습을 하고 있다. 본당 앞 돔 지붕 아래 원통형 구조 안에 작은 성당이 있는 형태였다. 예수님이 안치된 곳을 보고 싶기도 했지만 그 기나긴 줄을 서 있다가는 현기증이 날 듯하여 외관만 둘러보았다.

거룩한 무덤 성당 내부 예수님의 유해가 있다고 추정되는 곳. 성당 안에 자그마한 성당의 모습을 한 구조물이 있다. 이것은 휴대폰 촬영으로 절대 다 담을 수 없다. 직접 눈으로 보아야 그 경이로움을 느낄 수 있다.

이스라엘에서 가본 성당은 유럽의 성당들과는 달리(사실 내가 잘 모르는 것일 수도 있다.)

지하 1층으로 내려가는 계단①, 지하 1층의 방(chamber)②, 그 옆으로 지하 2층으로 내려가는 계단③,
지하 2층의 기도실④

지하실이 개방되어 있고 심지어 지하 2층까지 있는 경우도 있었다. 거룩한 무덤 성당에는 지하에 또 다른 지하가 있어서 할리우드에서 마음만 먹으면 영화 '천사와 악마'같은 영화를 다 찍을 수 있을 것 같았다. 물론 성스러운 예루살렘에서 상업적인 촬영을 허락할 것 같지는 않다.

거룩한 무덤 성당의 지하에는 정말 그 옛날 그려진 벽화들이 그대로 남아있었다. 십자군이 기를 쓰고 이곳을 점령하고 지키려 했던 것이 잘 느껴졌다. 영화 '킹덤 오브 헤븐'에서 살라딘의 대사가 생각났다. 예루살렘은 아무것도 아니지만 모든 것이라는….

석류 착즙 주스. 추천하지 않는다.

예루살렘을 벗어날 때는 야파 성문으로 나왔다. 이스라엘 국기들이 넘어가는 태양에 잘 걸려 있었다. 마침 물이 다 떨어져서 즉석에서 석류 2개로 해주는 석류 착즙 주스를 사 마셨다. 그리 위생적이지도 않고, 그리 저렴하지도 않고,

야파 성문 밖 나부끼는 이스라엘 국기

그리 시원하지도 않고, 그리 맛있지도 않았지만 한번쯤은 먹을 만했다. 일반적으로 우리가 생각하는 석류 주스는 역시나 설탕이 많이 들어가 있다는 것을 느꼈다. 예루살렘의 뜨거운 태양 아래 자라난 석류로 만든 착즙 주스는 달다 못해 엄청시다. 이 글을 쓰고 있는 지금도 그 생각만 하면 침샘이 일을 한다.

숙소로 돌아가는 길에 햇빛을 피하기 위해 큰 쇼핑몰 거리를 지났는데 정말 없는 게 없었다. 서울 잠실 롯데몰에서 본 모든 브랜드를 여기에 다 모아놓은 것 같아. 정말 이스라엘은 잘산다는 생각이 들었다. 물론 그만큼 물가도 비싸긴 했는데, 이것은 낮잠을 자고 나서 뼈저리게 느꼈다. 온종일 걸어 다녀 피곤한 나머지 낮잠을 잤는데, 이후 저녁에 먹을 것이 없어 (국경일이라 영업을 하는 음식점이 전혀 없었다.) 편의점을 찾아갔다. 요거트 한 개, 작은 과자 한 봉지와 제로 콜라 작은 페트병 하나를 샀는데 우리 돈으로 7,000원이었지만 배가 고팠던 나는 선택의 여지가 없었다.

없는 브랜드가 없었던, 이스라엘 사람들만 올 수 있을 것 같은 쇼핑몰

밤에 나와본 숙소의 테라스. 이곳에서도 선선한 바람을 맞으며 이 책의 원고를 썼다.

이스라엘

3일차

당초 계획은 홀로코스트 추모관인 야드 바셈, 이스라엘 국립 박물관과 예루살렘 시장을 가볼 계획이었다. 그러나 이스라엘은 여전히 국경일 연휴였기에 나의 계획은 그저 계획으로 머물렀다. 나중에 찾아보고 알게 되었지만 우리의 국군의 날이 이스라엘에서는 유대교 신년일이었다. 제정일치 사회에 가까운 국가인 이스라엘에서 유대교 신년일은 매우 중요한 날일 수밖에 없으니까 휴일인 것은 당연한 일이다. 혹자는 왜 이스라엘을 제정일치 사회에 가까운 국가라고 말하느냐고 반문할 수 있겠다. 그러나 지금도 일부 사람들이 유대교 종교법을 국법으로 지정하자고 주창主唱하는 나라이니 그렇게 말할 수 있지 않겠는가?

우리에게는 충분히 이국적인 야파 성문 안쪽의 모습. 아침인데도 사람들이 많다.

성지에서 맞는 두 번째 날

어쨌든 나는 계획이 틀어졌기에, 어제 다 둘러보지 못했던 예루살렘을 더 보기로 했다. 이날은 아르메니아 지구, 유대교 지구, 그리고 성 밖 도미션 애비Dormition Abbey를 둘러보았다. 그리고 저녁에는 무슬림 지구를 가보았다.

노상 방뇨를 금지하는 표지판. 과연 이것이 문명 사회에서 볼 수 있는 것이란 말인가! 물론 저 표지판에도 불구하고 저곳의 냄새는 매우 심했다.

아르메니아 지구는 기독교 지구와 무슬림 지구에 비해 한적한 편이었다. 많이 알려진 유적지가 없다 보니 그런 것 같았다. 그래서 그런지 말 그대로 사람 사는 곳이었다. 소위 말하는 '사람 냄새 나는' 곳이 아니고 그냥 사람들이 살아가고 있는 터전이었다.

냄새 이야기가 나와서 말이지만 '이스라엘의 냄새'에 대해 이야기해보자. 길 거리를 다녀보면(놀랍게도!) 더러운 화장실 냄새가 난다. 노상 방뇨를 많이 하는지 종종 'CCTV가 지켜보고 있으니 노상 방뇨 금지!'라는 팻말도 있다. 딱히 예루살렘, 팔레스타인 지역이 그런 것도 아니었다. 잘 정비되었다는 텔아비브도 간혹 길을 다녀보면 소변 냄새가 코를 찌르는 경우가 있다. 물론 두 가지 변수가 있을 것 같긴 했다. 하나는 이 지역은 비가 잘 오지 않는다는 것이다. 우리나라처럼 곧잘 비가 오는 나라는 노상 방뇨를 했다고 해도 며칠 사이 비가 내리면 다행스럽게도 금방 씻겨 내려간다. 그러나 이곳은 연중 강수량이 매우 희박한 만큼 자연 정화(?) 능력이 떨어질 수밖에 없다. 다른 하나는 내가 이틀 연이은 국경일에 방문했다는 것이다. 상점도 99% 쉬는 상황에 거리를 청소하는 공공기관 근로자가 일할 리가 없다. 남은 3일을 지내보니 자세히 알 수 있었지만 거리 청소를 아무도 하지 않으니 냄새가 심할 수도 있다고 생각한다.

    역사 지식이나 관광지에 대한 나의 무지함으로 볼거리를 놓쳤다면 어쩔 수 없는 아르메니아 지구를 다 둘러보고 유대인 지구로 들어섰다. 지도를 본 것도 아니고 표지판이 있는 것도 아니었지만 언젠가부터 나는 이곳이 아르메니아 지구가

아르메니아 지구에서는 특별한 곳을 찾아가지 않아서 평범한 것들이 눈에 보였다. 이 문들도 언
젠가는 사용했던 문이겠지?

아니라는 것을 알 수 있었다. 유대인 지구는 이스라엘이 체계적으로 관리하는지 아주 깨끗하고 새 건물들도 많았다. 어찌보면 합법적(?)으로 자신들의 구역이니까 말이다.

　유대인 지구에서는 하레디haredi들을 볼 수 있는 기회가 더 많았다. 텔아비브에서는 가끔 한두 명씩 보이던 하레디가 예루살렘에는 아주 많았다. 길거리를 돌아다니다 보면 어느 순간, 어느 한 시야에서는 반드시 하레디들이 보였다. 그런 하레디들의 구역이니만큼 유대인 지구에는 하레디들과 나와 같은 관광객밖에 없었다.

　다른 지구와 다른 점은 유대인 지구에는 이스라엘 무장 경찰을 자주 볼 수 없었다. 이곳의 경찰들도 '혼잡경비'(사람이 많은 혼잡한 곳에서 방범 활동을 하는 것이다.)의 개념을 적용한 것이 아닐까? 만약 정말 '무슬림＝테러리스트'라는 공식을 갖고 있다면 유대인 지구에도 유대인들을 지키기 위해서 무장 경찰을 배치했을

이스라엘 무장 경찰이 초소에서 경계 근무하는 모습

것이다. 하지만 그렇지 않고 사람이 많은 무슬림 지구와 기독교 지구에만 무장 경찰을 배치했다는 것은 이슬람을, 팔레스타인 사람들을 탄압하고자 함이 아닌, 그저 사람이 많으면 무슨 일이 벌어질 확률이 높다는 것을 알고 있는 것이다. 또 뒤늦게 느꼈지만 아르메니아 지구에서도 이스라엘 무장 경찰을 자주 볼 수 없었기 때문이다.

유대인 지구의 끝자락, 일명 '똥문'까지 갔다. 여기에 와보니 통곡의 벽과 템플 마운트가 한눈에 내려다보였다. 어제 통곡의 벽에서 '저기는 어디길래 저렇게 높은 곳에 있으며 대체 뭐길래 성지를 내려다보는 걸까?'라고 생각했는데 유대인 지구의 유대교 교육 센터(?) 같은 곳이었다. 내가 통곡의 벽을 내려다본 곳은 교육 센터 같은 건물 1층 출입구였다. 발길을 돌려 똥문의 북쪽에 위치한 자이온 성문으로 올라가기 시작했다. 똥문으로부터 자이온 문Zion Gate까지 성벽을 따라갔는데 예루살렘의 모습과 어제 본 유대인 묘지가 한눈에 보였다. '사막의 도시가 이런 모습이구나'라는 생각이 들었다. 이글거리는 태양 아래 척박한 땅에서 살아가는 사람들이 모인 도시의 모습이었다.

유대인 지구 끝자락에서 바라 본 통곡의 벽, 템플 마운트의 모습

예루살렘 남쪽 성벽에서 바라 본 예루살렘의 모습. 저 멀리 유대인 묘지와 올리브산 전망대도 보인다.

사막을 이야기함에 있어 흥미롭지만 잔혹한 기후를 빼놓을 수 없다. 9월 말 10월 초였음에도 낮에도 33, 34도를 웃도는 기온이다. 직사광선 아래 있으면 신진대사가 거북이 걷는 속도처럼 느린 사람이라도 땀이 물 흐르듯 난다.(실제로 나는 땀을 많이 흘리지 않는 사람이지만 이곳에서는 비 오듯 흘렸다.) 그런데 해가 떨어지면 긴장해야 한다. 조금 과장하자면 한낮의 복장으로 밤을 맞는다면 체온 유지를 위해 긴장해야 한다. 바닷가인 텔아비브에서도 일몰 후 밖에 나가봤지만 마찬가지였다.

내륙에서 맞이하는 첫 저녁이었던 어젯밤, (사실 바다로부터 자동차로 한 시간밖에 떨어져 있지 않지만 말이다.) 배가 고파서 편의점을 찾으러 나섰을 때 나는 깜짝 놀랐다. 더운 공기는 온데간데없고 어디서 찬바람이 불어왔다. 유럽 관광객들은 어디서 들고 나왔는지 모포를 두르고 다녔다.(아무래도 항상 자신의 키만큼 큰 가방에 넣고 다니던 것이 분명하다.) 반팔 차림에 다시 들어갔다 나오기 귀찮았던 나는 10분만 편의점을 찾아 보기로 했다. 체감상 20도가 되지 않았던 것 같아 10분 이상 짧은 소매로 있기는 어려웠다. 다행히 10분 안에 편의점을 찾았고, 그래서 나는 7,000원 상당의 값비싼 간식거리를 먹을 수 있었다.

다시 자이온 성문으로 돌아가보자. 그곳을 통해 예루살렘 성城을 살짝 벗어나 봤다. 가장 먼저 예수님이 최후의 만찬을 드셨다고 추정되는 곳을 가봤다. 비단 기독교(가톨릭이나 개신교)를 믿지 않는다 하더라도 누구나 한 번쯤은 봤을 '최후의 만찬' 그림을 기대하고 갔었다. 그러나 별달리 그런 거창한 것은 없었다. 최소한 '편리한' 신자인 나에게는 대단할 것이 없었다. 그저 빈 방이었기 때문이다. 오히려 그 뒤로 올라가서 건물 위 전망이 볼만했다. 그 건물 위에서는 다른 전망대와는 달리 실제 예루살렘에 사는 사람들의 집들이 가까이 잘 보였다.

어느 인터넷 블로그에서 본 것처럼 집집마다 물 탱크 색깔을 확인해봤다. 흰색 물 탱크는 유대인, 검은색 물 탱크는 팔레스타인이 사는 곳이라는데 두 색깔의 물 탱크들은 아주 많이 섞여 있었다. 물론 이곳은 동예루살렘이라 팔레스타인 사람들이 절대적인 숫자여야 정상이겠지만 그렇지도 않았다. 적어도 가장 최근 이스라엘－팔레스타인 간 협정에 의해 이스라엘이 팔레스타인의 존재를 인정하는 방향이라면 팔레스타인 사람들이 더 많아야 할 것 같기도 하지만, 두 세력('나라'라고 하고 싶었으나 팔레스타인을 국가라고 볼 수 있을까 싶다.)의 사람들은 예루살렘이라는 도시에 공존하고 있었다. 이스라엘의 무자비한 팽창 정책에 의해 이스라엘 사람들의 정착지를 늘려나간 탓이겠지만 말이다.

예수님 최후의 만찬 건물을 나와서 또 다른 관광객들이 찾는 명소인 다윗왕의 무덤을 가보려 했다. 그런데 입장하는 줄이 정말 길어서 이곳을 보면 오늘 숙소로 돌아갈 시간이 없겠다 싶어서 발길을 도미션 애비로 돌렸다.(이곳을 방문할 사람들은 꼭 아침 일찍부터 준비하길 바란다.) 어제 성 안네 성당이 프랑스의 후원을 받는 것처럼 도미션 애비는 독일과 관련된 곳이었다.

예수님 최후의 만찬 방의 출구 주변에 꽂혀 있는 쪽지들. 사람들이 자신들의 소원이나 바람을 적어서 꽂아두고 나간다.

거룩한 무덤 성당 이외 이스라엘에서 가본 성당과 마찬가지로 도미션 애비는 수수한 성당이었다. 이곳에서도 방문객들 중 성지 순례자들의 성가를 들을 수 있어 마음이 편안해지는 것을 느꼈다. 그러나 도미션 애비를 서둘러 보고 나왔다. 시간이 오후 1시가 되었기 때문이다. 어제와 같이 무턱대고 매우 더운 낮에 돌아다니고 싶지 않아 야파 성문에서 5분 거리인 숙소로 바삐 움직였다.

가까이서 본 도미션 애비, 가까이 볼수록 건물의 사막색 돌이 뚜렷하게 보여 멋있다.

예수님 최후의 만찬 건물 옥상에서 본 도미션 애비

햇살을 견딜 수 있을 때가 되었을까? 오후 4시가 되어서야 숙소에서 슬그머니 나왔다. 거룩한 무덤 성당의 외관이 공사 중이라 사실 전체적인 모습을 볼 수 없었기에 성당 전체를 볼 수 있는 성벽을 올라가보기로 했다. 그런데 야파 성문, 다마스쿠스 성문과 헤로드 성문Herod's Gate을 가봐도 올라갈 수가 없었다. 어떤 곳은 올라가는 곳이 아니었고, 어떤 곳은 정해진 시간이 있었고, 또 다른 곳은 미리 티켓을 샀어야 하는 곳이었다. 결과적으로 오후에는 예루살렘 북동쪽 성벽은 올라가보지 못해서 거룩한 무덤 성당의 외관을 잘 보지 못했다.(야파 성문 - 다마스쿠스 성문 - 헤로드 성문을 잇는 북쪽 성벽을 올라갈 사람들은 올라갈 수 있는 시간과 위치를 꼭 유의하길 바란다.)

예루살렘에서 본 이스라엘 - 팔레스타인의 현실 축소판

성벽으로 올라가는 길을 찾지는 못했지만 무슬림 지구의 또 다른 면을 보게 되었다. 관광객들이 찾지 않는 예루살렘의 북동쪽, (나의 지적 수준에서는) 유명한 곳이 없는 무슬림 지구 북쪽 지역은 지금까지 예루살렘보다 더 '사람 사는 곳'이었다.

느지막한 오후의 예루살렘 구시가지로 가는 길. 하레디들이 보인다. 이들의 복장은 보는 사람으로 하여금 더워지게끔 만든다.

다시 말하지만 인간미가 느껴진다기보다는 외지인을 보는 눈빛이 관광지와는 다른 곳이었다. 유대인 지구에 비해 한 없이 더럽고 낡은 건물, 하교하는 아이들, 좁은 골목에서 축구하는 어린이들, 오르막에서 내리막까지 걸음마를 시작한 동생에게 장난감 자동차를 태워주는 형들, 빨래를 걷고 있는 어머니들이 보였다. 이런 구불구불하고, 내려갔다 오르내리기를 반복하는 골목을 걷던 중이었는데 내 뒤로 이스라엘 무장 경찰 1개조(이들은 특별한 일이 아니면 꼭 2인 1조로 다녔다.)가 무전을 주고받으며 어딘가 급히 가고 있었다.

곧 그들은 나를 앞질러 갔고

나도 모르게 주의 깊게 따라가보게 되었다.(물론 내가 의도적으로 따라간 것이 아니고 원래 가고자 했던 방향이었다.) 3분쯤 걸었을까, 무장 경찰은 골목 삼거리에서 한 10대 팔레스타인 소년을 붙잡았다. 그들이 하는 말은 무슨 의미인지는 알 길이 없었으나 무슨 일이 벌어지는지 두 눈으로 확인할 수 있었다. 이스라엘 경찰은 거칠게 항의하는 그 소년을 다짜고짜 벽에 밀어붙여 그의 몸 수색부터 했다. 인권이라고는 찾아볼 수 없을 정도로 강압적이고 무력을 사용한 몸 수색이었다. 대한민국에서는 상상할 수 없는, 미국(혹은 할리우드 영화 속)에서나 볼 듯한 몸 수색이었다. 그 후 그 소년을 벽에 몰아넣고 고압적인 태도로 질문을 쏟아내고 대답을 강요하기 시작했다.

나는 3인칭 시점에서 이 자그마한 사건을 계속 보고 싶었다. 어떻게 끝이 나는지 확인해보고 싶었으니까. 그러나 이스라엘 무장 경찰의 금방이라도 총을 꺼내 들 듯한 자세와 하나둘씩 모여들어 그 소년의 편을 들며 이스라엘 무장 경찰에게 거칠게 반발하는 팔레스타인 사람 사이에 일촉즉발의 상황이 계속되어, 나는 슬그머니 빠져 나왔다. 제아무리 치안이 좋은 우리나라에서도 경찰이 매 순간 날 지켜줄 수 없다. 물리적으로 불가능하니까. 하물며 이곳은 내가 여기서 사라져도 아무도 찾지 못할 곳이니 내 몸은 내가 챙겨야 하기 때문에 사건에 휘말리고 싶지 않아 내 갈 길을 갔다. 괜히 찰나의 호기심을 해결하고자 했다가 이미 날 찾을 수 없을 정도가 되었을 때 뉴스에 나오고 싶지 않았다.(자유 여행을 하는 일부 사람들에게 꼭 권하고 싶은 행동 수칙이다.) 대신 멀찌감치 떨어져 이 모습을 사진으로 남겼다.

내가 겁이 많은 사람임을 보여주는 사진이다. 사진 속 골목 끝 사람들이 모여있는 곳이 사건이 벌어지고 있는 곳이다. 잘 보이지 않는다.

이스라엘과 팔레스타인의 현대 관계를 봤다고 해야 할 것 같다. 국제 정치를 바라보는 여러 시각 중 그 세勢가 가장 큰 주장이 현실주의realism이다. 이 현실주의 이론의 특징은 국제 관계 속 국가의 행동은 인간, 개인individual의 행동 본성과 같다고 보는 점이고, 현실주의 세계에서는 힘power과 그의 균형balance of power이 아주 많은 것을 설명한다. 방금 내가 본 사건이 현재의 이스라엘-팔레스타인 관계와 무엇이 다른가. 가자 지구에서 무력 행위가 발생할 때마다 이스라엘은 물과 전기를 차단하고, 기계화 부대를 앞세워 팔레스타인들을 진압하고, 팔레스타인들은 그저 돌과 화염병으로 맞서다가 결국 많은 숫자가 죽고, 다치고, 연행된다. 그렇게 아랍 세계는 이스라엘에게 땅을 빼앗겼고 여전히 다시 되찾지 못하고 있다. 누가 옳고 그른 것이 아니라 그냥 세상이 그렇다. 팔레스타인 소년이 이스라엘 무장 경찰에게 속수무책으로 당한 것은 그 현실의 축소판이라고 볼 수 있었다.

이스라엘-팔레스타인 관계에 대한 작은 현실에 대한 목격을 뒤로하고 예루살렘 성내를 이리저리 배회해봤다. 이제 이틀이 되었다고 어느 정도 익숙한 길이 보였다. 그래도 골목이 많아 가끔 출구가 있는지 살펴보고 있었는데, 광장에 앉아 있던 팔레스타인 어르신이 갑자기 말을 걸었다.

"어디가? Where you go?"

"난 그저 저 길이 성 밖으로 나가는 길인지 보고 있었어요.
I'm just figuring out this is right way out."

"어디를 가는지 얘기하지 않으면 알려줄 수 없어! 돈 안
받는다니까! I can't tell you the way if you don't tell me where you go. I will not
charge you."

누가 길을 알려달라고 했나. '뭐 이런 사람이 다 있나' 싶
을 정도로 나도 순간 기분이 굉장히 나빴다. 그래도 다시 한
번 생각을 고쳐먹고 골목을 가리키며 이 골목이 야파 성문으
로 가는 길이 맞는지 물어봤다. 그랬더니 그 어르신은 그제서
야 '그 길이 맞다'고 하며 만나서 반가웠다며 자신의 갈 길을
갔다. 황당하기 이를 데 없었다.

누군가가 그랬다. 여행지에서 만나는 사람에게 친절을 베
풀어 놓으라고 말이다. 여행지는 내 나라, 내 동네가 아니어
서 무슨 일이 생길지 모르고, 또 그 사람이 날 도와줄 수 있다
고 그랬다. 언뜻 보면 그 할아버지가 날 도와줬다고 생각하지
만 내가 친절을 베풀었다고 생각한다. 왜냐하면 그 퉁명스럽고

과도하며 불필요했던 안내 정신에 내가 화를 내지 않았으니까 말이다. 이스라엘 사람이나 팔레스타인 사람이나 퉁명스럽지만 친절하고자 하는 마음은 비슷한 것 같았다. 하지만 나로서는 그럴 거면 왜 친절을 베풀고자 하는지 이해하기 힘든 부분이었다.

저녁이 되자 텔아비브에서 먹었던 것처럼 맛있는 식사를 하고 싶었다. 인터넷에서 봤던 멘자Menza 라는 식당에 찾아갔

어둠이 찾아오고 있는 예루살렘

다. 숙소에서 잰 걸음으로 10분을 가야 해서 야파 성문으로부터는 15분이나 걸렸다. 조금 멀어서 망설였으나 점심을 거른 배고픔이 나를 적극적으로 이끌었다. 그리고 해가 떨어지고 있었기에 숙소를 잠시 들러 어

멘자의 갈비 요리. 정말 맛있었다. 사업가 기질만 있었다면 국내에 수입하고 싶을 정도였으니까.

제와 같이 사막의 기후에 당하지 않기 위해 겉옷을 챙겨갔다. 식당에 도착하여 갈비 작은 것을 시켰다. 이스라엘에서 몇 번 식사를 한 경험으로 양이 많다는 것을 알고 있었기에 작은 것을 주문했다.(이것 역시 여행자들이 유의해야 할 것이다! 나 또한 잘 먹는 사람이지만 어딜 가나 항상 충분한 양을 줬다.) 이윽고 음식이 나왔는데 정말 맛있었다. 약간 짜다는 느낌은 있었지만 잘 익은 갈비살은 먹기 좋았고 고기도 매우 부드러웠다. 우리나라에서 접할 수 있는 프랜차이즈 패밀리 레스토랑에서 나오는 갈비와 차원이 달랐다.

이렇게 이스라엘에서 보내는 나의 세 번째 밤이 다가왔고, 나는 아쉬움을 뒤로 하고 숙소로 들어왔다.

이스라엘

4일 차

팔레스타인의 땅, 베들레헴으로

평소 출근할 때와 비교할 수 없을 정도로 여유롭게 일어나서 예루살렘을 떠날 준비를 했다. 자유 여행의 또 다른 즐거움인 여유로운 아침은 포기할 수 없었다. 이틀 간 머무르며 이제는 익숙해진 예루살렘 구시가지를 지나 버스 정류장으로 향했다. 베들레헴으로 가는 방법은 그곳으로 가는 길만큼이나 간단했다. 그저 버스 한 번만 타고 직선에 가깝게 남쪽으로 이동하면 되는, 아주 간단한 일이었다. 234번 버스를 타고 20여 분 정도 달렸을까, 말로만 듣던 분리 장벽을 만났다. 내가 내린 버스 정류장 이름이 체크포인트300이었다. 정류장 이름이 '검문소checkpoint'라니 안타까울 따름이었다.

버스에서 내려 어디로 가야 할지 잠깐 두리번거렸지만, 곧 함께 내린 사람들이 몰려 가는 곳으로 따라가봤다. 다섯 걸음 걸었을까, 투박하기 짝이 없는 콘크리트 건물로 들어섰는데 그곳은 출입국 사무소 같은 곳이었다. 아니, 매우 좋게 이야기해줘야 출입국 사무소이지 첫 인상은 수용소 느낌이었다. 돌려서 들어가는 철문이 두 군데 있었는데 한 곳은 베들레헴으로 들어가는 입구였고, 다른 한 곳은 베들레헴에서 나오는 출구였다. 다음 날 베들레헴에서 나올 때 알게 된 사실이지만 들어가는 것은 매우 쉬웠다. 철제 문을 돌리고 들어가서 수용소 느낌의 긴 콘크리트 복도를 지나고, 다시 철제 문을 돌리고 나가면 베들레헴에 도착하는 것이다.

긴 복도의 끝에서 나는 예루살렘에서 느꼈던 눈부셨던 태양을 다시 만났지만, 베들레헴은 이스라엘과 같은 하늘 아래 있는 전혀 다른 세상이었다. 베들레헴이 시작되는 곳에 들어서자마자 택시들이 즐비했다. 모두 나와 같은 개별 관광객에게 바가지를 씌워 하루하루를 벌어먹고 사는 사람들이다. 택시를 타고 싶지 않았지만 날이 매우 더워지고 있었고, 또

수용소 느낌의 체크포인트300 출입 사무동. 이때는 나올 때 힘들지 몰랐다.

팔레스타인은 걸어서 돌아다니기에 그리 만만한 지역이 아니라고 생각해서 택시를 타보기로 했다. 직업 정신을 발휘하여 가장 집요하게 나를 부르는 기사와 협상에 들어갔다.

"900셰켈에 베들레헴 하루 종일 투어해 줄게요, 아주 싼 가격이에요. 900 shekel, Bethlehem one-day tour, good price, good price."

"말도 안 되는 가격이에요. 관심 없어요. 900 shekel is nonsense. Not interested."

"그럼 당신한테만 특별 할인 해줄게요! 700셰켈 어때요?

나를 먹잇감으로 보는 베들레헴의 택시들. 나중에 알게 된 사실이지만 이 택시들은 팔레스타인 임시 정부 소유이고, 기사들은 택시 임대료와 기름값까지 부담한다고 했다.

Okay okay, 700 shekel, only for you! Okay? Good price, good price."

"어림 없어요. Not a chance."

"350세켈은 어때요? 350 shekel is good?"

몇 마디에 900세켈이 350세켈이 되는 마법이었다. 용산
전자상가에서 컴퓨터를 사거나 신도림에서 휴대폰을 사는 느
낌이었다. 하지만 여기서 멈출 내가 아니었다. 나는 큰 기업
의 구매 담당자니까!

"베들레헴 외곽까지 나가면 300세켈을 생각해볼게요. 300
shekel including outskirt of the city, I will think about it."

"그건 나도 할 수 없어요. 다른 곳을 알아봐요. No, no, no. No
outside Bethlehem. You go."

나는 손사래를 치는 택시 기사를 뒤로 하고 내 갈 길을 가
는 척했다. 하지만, 아니나 다를까 역시 아쉬웠던 사람은 내
가 아니었다. 결국 그는 나를 붙잡았고, 베들레헴 외곽을 포
함한 투어와 분리 장벽을 포함한 유명한 벽화를 다 보는 것에

300세켈에 최종 합의했다. 그럼에도 불구하고 우리나라 돈으로 10만 원에 해당하는 매우 비싼 가격(이라는 것을 나중에 알게 되었는데, 내 직업이 해외 구매이기에 얼마나 더 억울한 일인가!)에 구경을 하게 되었다.

택시 기사에게 팔레스타인 지역에 대한 개략적인 설명을 들으며 가장 먼저 가본 곳은 팔레스타인 지역의 유대인 '정착지settlement'였다. 이 정착지에 대해 본격적으로 설명하기 앞서 베들레헴의 구조를 알아야 한다. 베들레헴을 도식화하자면 동심원 3개로 구분할 수 있다. 먼저 가장 안쪽, 가장 작은

흔한 베들레헴 A지역의 모습. 텔아비브나 예루살렘도 깨끗한 편은 아니었지만 이곳은 그에 비할
바가 아니었다. 도시 정비 수준으로 봐서 팔레스타인 자치 정부의 역량은 자의적으로나 타의적으
로나 좋지 못함을 알 수 있었다.

원圖인 A지역은 팔레스타인 지역으로 팔레스타인 정부 자치 구역이다. 미약하게나마 치안도 팔레스타인 경찰이 담당하는 것으로 알려져 있다. 그러나 '미약하게'라는 수식어가 붙은 이유는 팔레스타인 경찰은 적절한 무장도 안 되어 있고 그만한 권한이 없기 때문이다. 또 이스라엘 무장 경찰이 곧잘 A지역으로 진입하여 용의자를 체포해 간다고 한다. 이러한 행위는 주권 침해라고 볼 수 있으나 애초에 팔레스타인이 제대로 된 주권을 갖고 있지 못한 상태이니 침해라고 할 수도 없을 것 같다.

B지역에서 A지역으로 들어갈 때 만날 수 있는 차단 문과 경고 표지판. 이스라엘 사람이 들어가는 것은 '불법'이지만 이스라엘 무장 경찰이 들어가는 것은 '편법'인가 싶다.

A지역을 둘러싸고 있는 B지역은 여전히 팔레스타인 구역이지만 이스라엘 무장 경찰이 치안을 담당하는 곳이다. 팔레스타인 구역이지만 이스라엘 무장 경찰이 있다는 점이 매우 흥미롭다. B지역 바깥의 C지역도 B지역과 마찬가지였다. 사실상(이라는 표현을 좋아하지 않지만) B와 C지역은 이스라엘 땅이라고 봐야 할 것이다. 이런 생각을 뒷받침하는 큰 증거로 B지역에서 A지역으로 들어갈 때 자동차 도로에도 철제 차단 문이 있다. 심지어 그 차단 문 옆에는 여러 언어로 "지금 들어가려는 지역은 이스라엘 법이 영향을 미치지 않으며 따라서 보호를 받을 수 없다."라는 커다랗고 선명한 경고 문구가 있다. 굉장히 이스라엘 입장에서 작성된 문구이지만 팔레스타인은 별다른 조치를 할 수 있어 보이지 않았다.

다시 유대인 정착지 얘기로 돌아가보자. A지역에는 유대인 정착지가 없었다. 완전히 구분된 단지compound를 보지 못했다. 그러나 B와 C지역에서는 아주 많이 볼 수 있었는데, 다른 마을보다 깔끔해 보이고 둘레에 높은 벽이 있는 마을은 전부 유대인 단지였다. 그 지역들 안쪽 혹은 매우 가까운 곳에는 이스라엘 무장 경찰 부대가 방탄 장갑차, 굴삭기 등을 갖춰 공병 수준으로 주둔해 있으며 유대인 정착촌을 지키고 확장해 나가는 데 앞장서고 있었다. 실제로 공사 중인 정착촌도 보였다. 그리고 알려진 바에 의하면 그 정착촌에는 사람이 살고 있지 않은 곳도 있는데, 이스라엘 정부에서 정책적으로 건설하고 이주를 추진하기 때문에 이주민이 없어도 일단 건설하기 때문이라고 한다.

흥미로운 점(이라고 말하기엔 팔레스타인 사람들에게 매우 불행한 일이 아닐 수 없지만 제3자에게는 이렇게 표현할 수밖에 없다.)은 분명 이스라엘도 베들레헴 지역을 팔레스타인 구역임을 알고 있으나 지속적으로 자신들의 정착촌을 늘려나간다는 점이다. 이 사실보다 더 관심이 가는 부분은 팔레스타인 사람들은 아무리 돈이 많아도 더 이상 베들레헴 B와 C지역에서는 집을 지을 수 없는데, 그 이유는 이스라엘 당국에서 허가를 내주지 않기 때문이란다. 자신들이 살고 있는 마을에서조차 집을 늘리는 것 또한 불가능하며, 심지어 이스라엘 당국은 기존의 팔레스타인 마을에 전기와 물을 수시로 끊어 결국 사람들이

멀리 보이는 유대인 단지의 모습을 확대한 사진. 다른 팔레스타인 마을보다 굉장히 질서정연하게
건설되어 있고, 그 모습은 요새를 연상케 한다.

유대인 단지 근처의 이스라엘 무장 공병 부대 주둔지. 특수 차량, 콘크리트 방벽, 초소가 보인다. 가까이서 찍다가는 봉변을 당한다고 했기에 멀리서 찍었다.

살기 어렵게 만든다고 한다. 너무나 자연스럽게도 팔레스타인 사람들이 자신들이 살던 터전을 떠나가게 된다고 한다. 물론 이러한 이야기는 나에게 투어를 제공하고 있는 팔레스타인 택시 기사의 주장이다.

이 불행한 일은 어제 무슬림 지구에서 봤던 일과 마찬가지로 각 국가가 가진 힘의 격차에서 비롯된 것이 분명하다. 어쨌든 국제 사회가 평화를 유지하기 위한 정책을 당사자들에게 권고할 수 있어도 강제할 수는 없는 상황이다. 그러다 보니 이스라엘과 팔레스타인, 두 행위자가 '지지고 볶아도' 다른 나라들은 관여하기도 어려울뿐더러, 이스라엘 – 팔레스타인 분쟁 지역 내에서의 일이기 때문에 개입할 명분도 없다.(부연하자면 많은 아랍 국가들은 자국의 이익과는 직접적으로 연관된 일이 아니기 때문에 방관한다고 말해야 할 것이다.) 따라서 두 행위자는 제한된 영역 안에서 마음껏 '기량을 펼칠 수 있는' 것이고 당연히 물리적인 힘hard power이 강한 이스라엘 마음대로 할 수 있는 것이다. 냉혹하지만 이것이 현실이다.

힘이 없으면 빼앗기는 것이다. 왜 어떤 이들은 이 사실을 모르거나 알면서도 애써 외면하는지 정말 알 수 없다. 그리고 보통 모르는 경우와 외면하는 경우 중 후자가 더 많은 것 같은데, 이들은 '강자가 약자를 괴롭히면 안 되지'라는 당위성을 주장한다. 그러나 약육강식이라는 자연의 법 이외에 다른 법이 없는 국제 사회에서는 당위성에 호소하는 것은 어리석은 생각이다.(물론 당위성만 호소하는 일은 국내에서도 어리석은 일이고, 실제 많은 사람들이 그러하다는 것은 안타까울 따름이다.)

항상 매체를 통해 듣기만 해본 요르단강 서안 지구의 모습이다. 아마 많은 사람들이 처음 보는 모습일 것이다.

또다시 국력에 대해 많은 생각을 하게 만드는 유대인 정착촌을 다 둘러보고 다시 베들레헴 A지역으로 들어가며 택시 기사의 이름과 그에 대해 물어봤다. 그의 이름은 마르완Marwan (이스라엘을 도운 옛 이집트 대통령 비서실장과 성_姓이 같은 것은 우연이 겠지!)이며 7년째 택시를 운전하고 있다고 했다. 그는 35살에 6살, 4개월짜리 아들이 있는 이혼한 남자였다. 왜 이혼했냐고 물어보니 성격이 안 맞아서라고 했다. 남성 초우월 사회인 이슬람에서도 별거가 존재하다니 궁금한 것이 한두 개가 아니었지만 별로 그 정도까지 친해지고 싶지 않아서 더 이상 질문은 하지 않았다.

이어서 베들레헴에 살고 있는 사람들에 대해 물어봤다. 25만 명 정도가 거주하고 있는데 일할 수 있는 사람들의 절반은 직업이 없다고 한다. 직업을 가진 절반의 사람들은 마르완처럼 택시를 운전하거나 호텔에서 일하는 관광업, 나머지는 이스라엘로 일하러 간다고 했다. 그러나 베들레헴에서 택시가 가장 많은 곳이 체크포인트300인데 그곳에 있는 택시가 많지 않았던 것을 감안하면 택시 기사도 별로 없다는 말이었다. 호텔이 그렇게 많지도 않았고, 그마저 있는 호텔이 대부분 영세했기에 호텔에서 일하는 사람들도 많지 않을 것이란 생각이 들었다. 결론적으로 매일 이스라엘로 출퇴근하며 낮은 수준의 서비스업에 종사하는 팔레스타인 사람들이 직업을 가진 사람의 대부분이며 그들이 벌어오는 수입이 베들레헴을 먹여 살리는 것이었다.

이러한 사실은 굉장히 안타까운 일이었다. 왜냐하면 방금 들은 2019년의 현실이 2002년에 출판된 이스라엘 – 팔레스타인 분쟁에 대한 책에서의 내용과 전혀 다르지 않았기 때문이다. 마르완은 택시를 멈추고 한 사진을 보여줬다. 매일 아침 체크포인트300을 통과하려고 길게 줄을 서 있는 사람들의 사진이었다. 그 사진 속 사람들은 매일 이스라엘로 일하러 가기 위해 좁고 긴 콘크리트 통로를 피난길 가듯 서로서로 부대끼고 있었다.(그리고 그런 통로를 다음 날 내가 직접 겪었다.) 정말 17년 전에 지적했듯 이스라엘에서 통로를 봉쇄하면 여전히 팔레스타인은 돈 줄이 즉각적으로 막히고 있었다.

베들레헴에서 바라본 서안 지구의 모습. 저 멀리 잘 정돈된 B지역의 유대인 단지를 볼 수 있다.

수유 동굴 성당의 지상. 동굴인 만큼 성소(聖所)는 지하에 있었다.

예수 탄생 기념 성당의 회랑

베들레헴 사회 일면—面에 대한 이야기를 들으며 베들레헴의 성지들을 가보았다. 이곳도 예루살렘 구시가지 못지 않게 여기저기 성지가 많았다. 성모님이 예수님에게 수유를 하셨다고(역시나 아무도 모르기 때문에) 추정되는 '수유 동굴' 성당, 팔레스타인 평화 센터 옆 예수 탄생 기념 성당 등 그리스도교 깃발이 내걸린 성지들을 곳곳에서 만날 수 있었다. 하지만 편리한 가톨릭 신자인 나는 출석 도장을 찍는 수준으로 가보았다. 애초에 이스라엘 방문 목적이 성지 순례는 아니었으니까.

사진으로만 보았던 분리 장벽과 벽화는 별것이 아니었다

맛 없었던 베들레헴의 음식. 사실 베들레헴의 맛 없는 음식은 이것이 시작이었다.

베들레헴에 있는 성지들을 둘러본 후 마르완과 케밥(이라고 부르긴 했으나 맥도날드에서 볼 수 있는 스낵랩과 비슷하게 생긴, 맛이 없었던 음식)으로 점심을 해결했다. 딱히 향신료가 많이 강한 것은 아니었지만 빵이 부드럽지도 않아 먹기 힘들었고, 내용물도 굉장히 짰다. 우리나라 이태원 등

또 만나는 목조 천장. 건축학도가 보면
내가 보지 못한 것들을 발견할 것 같다.

관광지에서 만날 수 있는, 터키 아저씨가 파는 맛있는 케밥을 상상해서는 안 된다. 다 먹고 나서도 그 음식의 여운조차 맛이 없었는데, 그 이유는 점심 값도 내가 지불했기 때문이다. 값비싼 투어 비용에 비하면 점심 값은 아주 적은 금액이었기에 택시 기사가 흔쾌히 낼 것이라고 생각한 나의 잘못일까?

A지역의 분리 장벽과 그 벽화들을 보러 갔다. 벽화와 분리 장벽에 대해 본격적으로 말하기 앞서 여기서 잠시 팔레스타인 지역의 '벽화'에 대해 짚고 넘어가야 할 것 같다. 먼저 벽화는 말 그대로 벽에 그려진 그림이었다. 예술성보다는 저항성이 더 강했기에 멋진 그림을 기대하기는 어려웠다. 다시 말해 '작품'이라기보다는 '낙서'에 가까웠다. 그 이유는 도시 전체를 다 확인해보지는 못했지만 베들레헴 곳곳에서 동일한 그림이 다양한 크기로 그려져 있었기 때문이다. 그리고 일부 미디어를 통해 쉽게 착각할 수 있듯 기나긴 분리 장벽 전체에 그려진 것이 아니었고, 일부에 집중적으로 그려져 있었다. 벽화가 그려진 분리 장벽의 길이는

베들레헴에서 본 벽화. 나는 이 유명하지 않은 벽화가 이스라엘에 대한 팔레스타인들의 시각을
가장 잘 보여준다고 생각한다.

짧지 않았지만 절대 길지도 않았다.

택시 기사와 함께 대중에게 많이 알려진 벽화들부터 둘러봤다. 방탄조끼를 입고 있는 평화의 상징 비둘기, 화염병 대신 꽃다발을 던지는 시위대 등 일부 유명한 벽화들은 딱히 분리 장벽에 있지 않았다. 이런 곳에도 벽화가 있나 싶은 마을 한 구석 주유소 벽, 금방이라도 무너질 것 같은 건물 벽에 벽화들이 그려져 있었다. 벽화가 가장 많다는, 그 유명한 분리 장벽 구역에 가봤다. "Welcome to the largest prison(세상에서 가장

꽃을 던지는 시위대

방탄조끼를 입고 있는 비둘기

분리 장벽의 벽화들

큰 감옥에 오신 것을 환영합니다)", 나이키의 대표 슬로건Just do it을 풍자한 "Just remove it(그냥 제거해라)", "Make hummus not wall(장벽 말고 허머스를 만들어라)" 등 꽤나 시선을 사로잡는 문구들이 그래피티graffiti로 표현되어 있었다. 그 외에도 창살을 빠져나가려는 두 아이의 모습, 장벽 뒤 자연을 표현한 그림 등, 이 불행한 상황을 재미있게 그린 것들을 볼 수 있었다.

사실 벽화를 둘러보던 중 벽화보다 더 흥미로운 현실을 발견했다. 팔레스타인 사람들은 벽화를 팔고 있었다. 일부 잘

벽화 기념품 가게. 자세히 보면 입간판에 벽화 그리기 체험이라고 되어있다.

알려진 벽화로 티셔츠, 열쇠 고리 등 여러 가지 형태의 기념품으로 팔고 있었다. 이런 것은 아주 흔한 일이니 놀랄 일은 아니었다. 그런데 이들은 '벽화 그리기' 체험을 팔고 있었다. 때마침 유럽 사람들로 보이는 어느 커플이 현지인의 도움을 받아 벽화를 그리고 있었는데, 관광객들이 벽화를 그릴 수 있도록 도안부터 채색 재료까지 '패키지'로 판매하는 듯했다. 저항성도 판매될 수 있는 것일까? 물론 벽화를 판매함으로써 참혹한 현실에 대한 제3자의 관심을 더 이끌어 낼 수 있을 것이다.

실제로 하는 사람들의 모습이다.

그러나 이것이 팔레스타인의 진정한 독립, 자립에 도움이 될까?

미디어를 통해서 접했던 벽화의 실태를 본 나의 소감은 이렇다. 이곳에 오기 전에 팔레스타인 벽화에 대해 생각했을 때 벽화는 길고 긴 분리 장벽에 그려진 일종의 '저항의 상징'으로 알고 있었다. 물론 앞서 언급했듯 여전히 이스라엘에 대한 저항의 상징이 맞기도 하다. 그러나 내가 직접 본 느낌은 '정비되지 않은 도시'에 가까운 것 같았다. 그들에게는 미안한 말이지만

벽화 그릴 시간에 도시 정비를 권장하고 싶다. 사정이 이렇기에 나는 벽화를 보는 데 그리 많은 시간이 필요하지 않았다. 중남미 독립운동의 촉진제가 되었다고 평가되는 벽화 운동을 전문적으로 공부한 이들에게는 많은 시간이 필요하겠지만 그렇지 않은 나는 1시간이 걸리지 않았다. 사실 벽화가 어떤 사회 운동이나 정치 운동에 많은 영향을 끼쳤다는 데 공감하지 못해서 짧은 시간 동안 다 봤다고 생각하는 것이기도 하다.

분리 장벽의 모습. 벽화의 상징성을 떠나서 사람들이 사는 곳에 이렇게 철조망과 커다란 벽이 있다는 것은 안타까운 일이다.

팔레스타인 더 깊숙이

벽화를 다 본 후 나의 위험천만한 숙소인 아이다 난민촌으로 갔다. 이 숙소를 위험하다고 표현한 이유는 폭탄이 떨어지고 총알이 날아다니기 때문이 아니었다. 외국인이 아무도 없었고 이스라엘의 통신 시스템이 거의 작동하지 않았기 때문이다. 아무도 없는 곳에서 내가 사라지면 아무도 모를 것이기 때문이었다. 또 이런 생각이 들게 한 것은 택시 기사 때문이기도 했다. 내가 내리기 전 그는 나에게 아이다 난민촌에 있는 사람들이 방문자를 반기지 않는 경우가 있다며 조심하라고 했다. 정치학, 특히 국제 관계를 공부했던 나에게 아이다 난민촌은 흥미로운 곳이다. 공부할 때 난민에 관심이 있지 않았지만 분쟁, 국가의 실패 등의 국가 안전 보장에 조금 더 많은 시간을 들였기에 그 현장을 볼 수 있는 아주 좋은 기회였기 때문이다. 따라서 나는 이 현실을 가장 잘 볼 수 있는 숙소를 선택했다.

아이다 난민촌 내 국제 사회가 후원하는 게스트 하우스

가 있는데 이 게스트 하우스는 조금 특별한 서비스를 제공한다. 게스트 하우스에서도 머물 수 있지만 이곳에서 연결해주는 현지인의 집에서 잘 수 있는 기회를 준다. 게스트 하우스 홈페이지에서는 이러한 서비스는 이들의 자립을 돕는다고 광고를 하고 있다. 물론 나는 이 사실을 믿지 않았고 후에 기술하겠지만 나의 믿음은 크게 다르지 않았다.

택시에서 내려 게스트 하우스 입구를 찾아갔다.(택시비로 이곳 물가를 감안할 때 300셰켈(약 10만 원)이라는 엄청나게 큰 돈을 주었는데 이 글을 읽는 이들은 절대 이만큼의

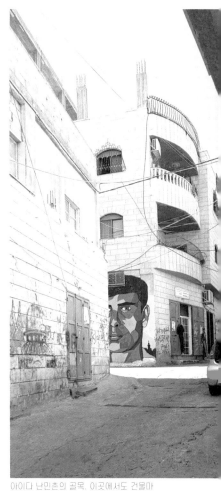

아이다 난민촌의 골목. 이곳에서도 건물마다 벽화를 볼 수 있었다.

가치를 하지 않는다는 것을 명심해야 한다.) 그런데 대낮인데 문이 굳게 닫혀있었다. 부재 중 연락처로 전화도 걸어봤지만 연결이 되지 않았다. 10여 분이 흘렀을까? 이곳에 머물지 못할 수 있다는 생각에 다른 숙소를 알아보기 시작했지만 그마저도 작동이 원활하지 않았다. 나의 유심은 이스라엘에서 구입한 것이기 때문이다. 벌써 오후 4시가 넘어가고 있던 터라 결정을 빨리 해야 했다. 이스라엘 유심으로 숙소를 찾으려면 장벽 근처로 가야 했고(왜냐하면 그곳은 이스라엘 기지국이 있으니까!) 안전을 이유로 어두워지기 전에 숙소로 들어가고 싶었기 때문이다. 또 다시 10여 분이 흘렀을까?

"안녕하세요! Hello, Good Afternoon!"

머리를 깔끔하게 넘기고 선글라스까지 쓴 세련된 사내가 말을 걸어왔다. 이곳 사람은 아닌 것 같았다. 한눈에 봐도 비싸 보이는 청바지를 입고, 어디 가서 쉽게 구하지 못할 희귀해 보이는 아디다스 운동화까지 신은 남자는 나에게 악수를 청했다.

"아이다 난민촌에 온 것을 환영해요. 혹시 봉사 활동 오신 분인가요? Welcome to Aida Refugee camp. Are you here for voluntary work?"

"아니요, 저는 그냥 여행 중이에요. 그쪽은 이곳 사람이 아닌 것 같은데 뭘 하는 거지요? I'm just another traveler. What brings you here? You're not from here, obviously."

차림이 너무 이질적이어서 그만 초면에 상당히 무례한 질문을 하고 말았다. 그러나 이 성격 좋은 사람은 자신이 요르단 출신이나 팔레스타인 사람이며 현재 난민촌에서 봉사 활동 (팔레스타인 청년들의 자립을 위한 봉사를 하고 있다고 했는데 정확히 어떤 활동인지는 파악하지 못했다.)을 하고 있다고 소개했다. 이 낯선 사내는 나 대신 게스트 하우스 관계자를 열심히 알아봐 주었다. 여기저기 전화를 돌리던 그는 곧 담당자가 올 것이고 그동안 마을 곳곳을 구경시켜주겠다고 했다. 이 사내를 따라다니며 마을 사람들을 만났다. 마을 이장이 운영하고 있는 가게, 외제차도 꽤 보이던 차량 정비소, 마을 청년들이 모이는 이발소를 가보았다. 일단 머리를 손질하는 사람들이나 손질 받는 사람들 모두 남자들이었다. 어쩌면 당연한 것인데 이곳의 여자들은 머리 손질이 의미가 없으니까. 그런데 이 난민촌의 이발소는 우리나라 'J' 미용실만큼이나 고급스러웠다. 각종 미용 도구부터 값비싸 보이는 염색약까지, 정말 없는 것이 없었다. 심지어 TV도 내 모니터보다 큰 것이었다.

이발소에서 조금 이야기를 나누고 있자 이 사내가 전화를 받았다. 다행히 얼마 지나지 않아 게스트 하우스 담당자가 와서 내 숙소를 알아봐 주었고, 나는 팔레스타인 홈스테이를 안내 받았다. 사실 나는 사람들이 많이 가는 유럽이나 동남아 현지인의 집은 고사하고 친구네 집도 잘 가보지 않았는데, 팔레스타인 현지인 집에 와본다는 생각에 혼자 웃음이 나왔다. 하지만 중동의 그 사막색, 아직도 정세가 안정되지 않은 마을에 있는 집을 누가 가보겠는가! 집에 도착해보니 아무도 없어서 홈스테이를 안내해준 게스트 하우스 담당자와 잠시 이야기를 나누었다. 그는 지역 학교 선생님이었다. 학생들에게 경영학을 가르치며 이틀에 한 번 게스트 하우스 업무를 본다고 했다. 아이다 난민촌의 게스트 하우스는 나와 같은 특이한 경우를 제외하고는 국제 사회 봉사단원이나 기자들이 다녀간다고 했다. 하지만 내가 이곳을 방문한 목적도 이곳에 대해 제대로 알고자, 다른 사람들에게 가감 없이 알려주고자 온 것이니 기자의 목적과 크게 다르다고 생각하지 않았다.

이 경영학 선생님은 집 주인과 통화하고 나를 방에 안내해 준 이후 게스트 하우스로 돌아갔다. 현지인 집에 나 혼자 있었다! 집 안이나 집 밖은 평화로워 보였다. 더위가 한풀 꺾인 오후가 되었고 밖에서는 아이들이 떠들고 노는 소리가 들렸다. 과대망상일까, 가장 평화로워 보일 때는 전쟁이 일어나기 직전이라고. 찰나의 평화를 느낀 후 나는 재빨리 '단독 군장'이 가능하도록 작은 가방에 휴대폰 2개, 생수 2개, 약간의 간식, 여권과 현금, 그리고 겉옷 등 생존에 필수적인 것을 챙겨놓고 유사시 이용 가능한 출구부터 확보했다. 또 포격이나 폭격이 있을 경우를 대비해 집 안 가장 안전할 만한 곳을 찾은 뒤에 나머지 짐 정리를 시작했다. 최소한 이 정도의 대비 태세는 있어야 위험 지역을 방문할 수 있다고 생각한다. 생각보다 많은 사람들이 안전하지 않은 곳을 여행할 때 자신은 안전할 것이라는 굉장히 비합리적이고 비이성적인 사고를 하는 것 같다.

내가 머문 방과 침대. 사진의 왼쪽 침대는 집 주인의 아들이 사용하는 침대라고 했다. 방에는 발코니가 있었는데 건물 간 간격이 얼마나 좁은지 알 수 있었다. 그래도 아이들이 재잘거리며 노는 소리가 들려서 조금 안심이었다.

내가 머문 집은 신기한 구조로 되어 있었다. 일단 한 건물에 한 가족이 산다.(우리나라 부동산 관련 이야기를 할 때 '건물'이라는 말에서는 '건물주'라는 어감이 강하게 느껴져서 건물이 대단히 부유한 개념인 것 같지만 그런 개념은 아님에 유의해야 한다.) 3층과 옥상으로 이루어진 건물인데, 1층 전에 반# 층이 존재했다. 경영학 선생님과 이야기를 나눈 곳은 1층 가기 전 응접실 개념의 반 층이었다. 이 집 또한 하나의 '빌딩'이라고, 아주 작고 소박한 로비라고 해야 할까 싶다. 이 응접실 위에 내가 머문 1층과 가족 중 다른 구성원이 이용하는 2층과 집 주인 부부가 생활하는 3층이 있었다. 난민촌이라고 해서 정말 미디어에서 나오는 A형 텐트가 끝도 없이 설치된 집중 수용소는 아니었다. 그런 곳은 정말 소요 사태와 같은 상황에서 많은 '탈주민diaspora'이 발생했을 때 임시 거처로 만들어지는 곳이다. 이 아이다 난민촌은 꽤 긴 시간 동안 난민들이 모여서 형성한 마을에 가까웠다. 그렇기에 깨끗한 새 것은 아니지만 건물들을 집으로 사용하고 있었다.

이날 저녁, 집 주인 아주머니가 나를 3층으로 데려가 팔레

건물 입구와 각 층으로 올라가는 계단, 건물 입구 사진 오토바이 바로 위 발코니가 내가 머문 방이다.

스타인 가정식을 주고 설탕
탄 홍차를 내어줬다. 손님이
라고 나름 정성 들여 준 것
같으나 이곳의 가정식은 들
어간 향신료가 우리나라 입
맛과는 맞지 않아 맛은 없

흔한 팔레스타인 가정식. 낮에 먹은 케밥과 마
찬가지로 맛은 없었다.

었다. 식사를 하고 거실에 있으니 쿠사이네 가족들이 하나둘
씩 모였다. 이 집에는 집 주인 부부와 큰 딸과 작은 딸, 그리
고 막내 아들 쿠사이가 있었다. 결혼해서 남편과 살고 있는
큰 딸을 제외하고 나머지 구성원들을 모두 만나볼 수 있었다.
이들은 저녁때가 되면 모두 이렇게 모여 저녁을 먹고 이야기
를 나누며 소파에 둘러 앉아 TV를 본다고 했다. 낮에 이발소
에서 본 것보다 큰 TV였다.

나는 이들에게 텔아비브에서 라나에게 물어봤듯이 두 가
지 큰 궁금한 것에 대해 물어보기 시작했다. 하나는 팔레스타
인에 사는 일반적인 사람들의 '신분 상태'에 대해, 그리고 다른
하나는 서안 지구라는 지역에 대해 물어봤다. 텔아비브에서

만난 라나의 이야기도 이곳을 이해하는 데 큰 도움이 되었지
만, 그녀는 파란색 신분증을 갖고 있었기에 그나마 형편이 나
은 사람 같았다. 그래서 나는 이곳에서 실제 초록색 신분증을
갖고 있는 사람들의 이야기도 궁금했다. 첫 번째 궁금증을 해
소하기 위해 스물두 살이라는 쿠사이와 그 누나가 어떠한 상
태에 있는지 물어봤다. 결론부터 말하자면 그들은 백수였다.
쿠사이는 고등학교를 졸업한 지 몇 년이 흘렀지만 직업이 없
다고 했다. 대부분의 그의 친구들 또한 직장이 없다고 했다.
또 직업이 없기로는 쿠사이의 누나도 마찬가지였다. 주변 사
람들은 얼른 취직하라고 한다지만 서빙, 청소부 외에는 별다
른 일자리가 없고, 초록색 신분증으로는 체크포인트300을 건
너서 이스라엘에서 일하는 것도 어렵다고 했다. 이 두 사람의
말은 앞서 택시 기사의 말과 일치했다. 서안 지구에는 직장이
없다. 어쩌면 당연한 일이기도 했다. 직장이 있으려면 회사가
있어야 하고, 회사는 자본을 가진 사람이나 자본을 끌어올 사
람이 투자를 해야 하는데, 누가 이런 곳에 투자를 하겠는가!

　서안 지구에서의 삶에 대해서도 물어봤다. 마르완의 말처

럼 전기와 물이 자주 끊긴다고 했다. 이스라엘의 폭정(이라고 팔레스타인에서는 표현한다.)에 대한 격렬한 시위를 하거나 그런 움직임이 있으면 예고 없이 전력과 수도는 차단된다고 했다. 물의 중요성은 더 언급할 필요가 없거니와 현대 사회에서 매우 중요한 전기는 사실상 생존권인데 이스라엘은 이것을 아주 잘 이용하고 있는 것이었다. 팔레스타인 사람들은 이스라엘의 행위를 비인간적이라고 비난하고 있었다. 이러한 현실은 수십 년째 바뀌지 않았고, 앞으로도 큰 변화가 있을 것 같지 않았다. 한 가지 흥미로운 점(역시 팔레스타인에게는 매우 유감스러운 표현이다!)은 서안 지구에서 전기와 물이 차단되는 것이 비단 서안 지구 – 이스라엘 간 관계에 영향을 받는 것이 아니라는 것이었다. 이스라엘 입장에서는 서안 지구와 가자 지구 모두를 같은 팔레스타인이라고 간주하여 가자 지구에서 무력 충돌이 발생하면 이스라엘은 서안 지구의 전기와 물도 차단한다고 했다.

역사적으로 많은 변화가 있었지만 오늘날에는 팔레스타인의 두 지역 중 서안 지구는 온건파, 가자 지구는 강경파가 이끌어나가고 있다. 강경파에서 강경하게 나갈수록 온건파도 손해를 본다. 그러다 보면 온건파 역시 강경파로 돌아설 수 있겠지만 이스라엘은 온건파가 강경파로 돌아서지 않는 선에서 물과 전기라는 '강력한 무기'를 잘 이용하여 현 상황을 유지, 나아가 이스라엘에 유리한 방향으로 만들어가고 있었다. 북한을 두고 우리나라 내 강경파－온건파 간 남남南南 갈등이 있는 것처럼 이스라엘도 팔레스타인 내 강경파－온건파 간 갈등을 만들어 단합된 행동을 하지 못하도록 유도하는 것으로 보였다. 어디까지나 단합되지 않는 이상 큰 위협이 되지 않고, 어느 정도 관리를 해주면 되니까 말이다. 아랍 세계가 단합하지 못해 이스라엘이 상대적으로 점점 강해지는 것을 막지 못하는 것도 같은 이치일 것이다.

쿠사이의 안내를 받아 옥상에 올라가서 서안 지구의 밤 풍경을 보았다. 내가 간 날은 전기가 들어와서 도시라는 느낌이 있었지만 또 다른 날은 도시라는 것조차 알 수 없는 날이 있겠거니 싶었다. 옥상에서 내려오며 또 많은 생각이 들었다. 낮에 만난 잘 차려 입은 사내, 마을에 돌아다니는 외제차, 없

쿠사이네 집 거실

는 게 없었던 이발소, 우리 집보다 큰 거실과 그리고 커다란 TV. 개인의 자유이기 때문에 생활 수준이 낮다고 좋은 물건들을 갖지 말라는 법은 없다. 그러나 가장 기본적인 물과 전기조차 자신들이 챙기지 못하면서 이런 것들이 중요할까? 자신들 스스로 인권을 챙기고 있는 것일까? 과연 국제 사회의 후원과 지원은 이들을 위한 것이 맞는 것인가? 한반도가 남북한으로 나뉘어 있는 현재 상황status quo을 유지하는 것이 동북아시아, 나아가 세계 정세(혹은 강대국)에 좋듯이, 이스라엘－팔레스타인 관계가 현재 상황을 유지하는 것이 좋은 것인가? 세계는 이스라엘－팔레스타인 갈등을 해소하기보다 그 규모나 형태를 '제한하고 관리control and contain'하는 것이 최선이라고 생각하는 것일까?

베들레헴의 야경. 종종 이스라엘 공군의 전투기도 날아다닌다고 하는데 다행히 이날 밤 하늘에는
달빛밖에 없었다.

팔레스타인에서 맞이하는 아침에는 어제 숙소에 도착하자마자 가장 먼저 챙겨놓은 작은 가방을 끌어안고 일어났다. 어제 밤 잠들기 전에 믿을 만한 지인들에게 나의 위치를 알려주며 8시간 뒤에 아무런 연락이 없으면 조치를 취해달라고 했다. 다행히 이날 밤은 서안 지구에서 아무 일이 벌어지지 않았다. 집 주인 아주머니가 해주는 팔레스타인 가정식은 오늘도 별로 맛이 없었다. 하지만 팔레스타인 지역을 빠져나가기 전까지 충분히 먹어두어야 한다는 생각에 조금 더 먹었다. 쿠사이네 집을 떠나며 주인 아주머니에게 작별 인사를 하고 싶기도 했지만 이번 생에

두 번째 먹는 팔레스타인 가정식.
안타깝게도 역시 맛이 없었다.

다시 보기 힘들 것이라는 생각에 미련 없이 나왔다.

아침의 아이다 난민촌은 어제 오후에 본 모습과 다를 바 없었다. 내가 관찰력이 떨어지는 사람이라고 생각하지는 않는다. 그러나 '다른 시간에 와보니 또 다른 모습의 무언가를 만났다'라는 표현은 너무 따분하다. 그래도 아이다 난민촌의 아침을 묘사하라고 한다면 '이상할 정도로 적막한 마을'이라고 말하고 싶다. 우리나라는 한적한 시골에도 아침에는 사람들이 분주하게 이곳에서 저곳으로, 저곳에서 이곳으로 일하러 간다. 공사 현장에도 이른 시간부터 사람들이 작업을 한다. 하지만 아이다 난민촌에서는 학교 가는 아이들을 제외하고는 마을에 활기가 없었다. 가게들도 열지 않았고, 공사 현장에도 사람을 찾아볼 수 없었다. 사우디 아라비아에서 지원하여 건물을 짓고 있었지만 그 표지판만 서 있을 뿐 사람은 아무도 없었다.

이런 적막한 마을을 나오면서 마을 여기저기에 그려진 벽화를 보았다. 1948년부터 시작된 팔레스타인의 비극을 스페인 내전의 게르니카 비극과 비교해서 그려놓은 그림, 2014년 이스라엘－팔레스타인 충돌 당시 희생된 아이들의 이름이 적힌 그림, 팔레스타인이 반드시 승리할 것이라는 그림 등 큰 벽화들이 눈에 띄었다. 이런 그림들을 보며, 나는 아이다 난민촌을 뒤로 하고 예루살렘으로 길을 나섰다. 어제 본 분리 장벽을 지나 체크포인트300에 즐비하게 있는 택시들이 보이자 어느 한편 불편했던 내 마음이 한결 나아졌다. 아무래도

게르니카 비극과 팔레스타인의 비극을 비교해놓은 벽화

이-팔 충돌 당시 희생된 아이들의 명단

난민촌 입구의 커다란 열쇠는 팔레스타인 사람들이 피난길에 오를 때 자신들의 집 문을 잠그고
나왔는데, 다시 돌아가겠다는 의지를 형상화한 것이라고 한다.

정세(라고 하기엔 치안이겠지만)가 불안한 지역에서 법과 질서가 있는 이스라엘로 돌아갈 수 있다는 생각에 그런 마음이 든 것 같았다.

다시 이스라엘로! 가는 길은 쉽지 않았다

어제 지나온 수용소 같았던 건물에 들어서려고 할 때 누군가가 나를 불렀다. 내 이름을 부르지는 않았지만 주변에 아무리 봐도 외국인은 나밖에 없었으니까. 어제 만난 택시 기사 마르완이었다. 그는 나에게 팔레스타인을 떠나는 길인지, 팔레스타인에서 보낸 하루가 어땠는지 물었다. 나름 오랜만에 만난 외국인이라 반가웠던 마음이었을까, 나에게 많은 돈을 받아간 덕에 해주는 '사후 서비스'였을까? 나는 마르완에게 아주 교과서적이고 외교적인 발언을 했다. 팔레스타인의 안타까운 처지를 잘 보았고, 앞으로 팔레스타인과 마르완의 무궁한 안녕과 발전을 기원한다고. 비록 온전한 24시간이 되지 않는 짧은 시간이었지만, 나는 서안 지구 곳곳을 내 두 눈으로 보았고 이곳 사람들을 만나 직접 이야기해 보며 교과서나 미디어에서 접했던 사실을 현실로 만나보았다. 그러니 마르완에게 한 말은 틀린 말은 아니지 않나! 나는 택시 기사와 깔끔하게 악수하고 헤어졌다.

체크포인트300의 긴 복도에 들어섰다. 그런데 어제와 다른 시간에 와보니 비로소 이곳의 또 다른 모습을 만났다. "들어올 땐 자유지만, 나갈 땐 아니다."라는 말처럼 이스라엘에서 서안 지구에 들어올 때는 아무런 통과 절차 없이 들어왔지만, 다시 이스라엘로 돌아갈 때는 완전히 다른 이야기였다. 일단 자동화기로 무장한 이스라엘 무장 경찰의 지시에 따라 공항(이나 우리 회사)처럼 엑스레이 검색대에 모든 소지품을 넣고 금속 탐지기를 통과해야 했다. 그리고 다시 긴 복도를 지나 출국 수속과 같은 절차를 거쳐야 했다. 이곳에는 더 많은 수의 무장 경찰이 언제라도 발포할 수 있는 자세(소총을 단순히 메고 있는 것이 아니라 양손으로 소총을 잡고 방아쇠에 검지 손가락만 넣지 않는 상태)를 취하고 상황을 주시하고 있었다. 그도 그럴 것이 수많은 팔레스타인 사람들이 고작 두세 곳의 수속대를 통과하고자 아우성이었고, 이 과정에서 질서나 줄서기 따위는 찾을 수 없었기 때문이다. 이런 혼란 속에 나 역시 질서를 지키고 싶지 않았다. 사람들 틈을 비집고 들어가 내 여권을 내밀었고, 다른 이들과는 달리 바로 통과되었다.

긴 복도를 지나쳤더니, 예루살렘의 일자리로 출근하려는 팔레스타인 사람들과 출근길 서울 지하철 2호선을 경험했다.

혼란으로 가득했던 콘크리트 건물을 벗어남으로써 나의 짧은 서안 지구에서의 일정이 끝났다. 그런데 가만히 생각해 보니 팔레스타인 상황에 마음이 아프지 않았다. 서안 지구 사람들이 그다지 불쌍하지 않았다. 팔레스타인 사람들은 자신들의 처지를 비관할 뿐 실질적인 노력은 뒷전이라는 생각이 들었다. 물론 물과 전기는 종종 끊긴다지만 당장 먹을 것이 없는 것도 아니고, 국제 사회의 전폭적인 지원 아래 절박한 수준의 생활을 하고 있지는 않았다. 그렇다면 그 다음을, 미래를 내다보아야 하는 것이 맞지 않을까? 마땅한 자원이 없는 이곳에서 어떻게 하면 관광객을 더 유치하고, 어떻게 하면 자본을 끌어들이고, 어떻게 하면 더 안정적이고 나은 사회를 만들 수 있는지에 대한 고민을 찾아보기 어려웠다. 이스라엘의 난폭함과 이스라엘에 대한 미국의 후원을 비난할 뿐, 정작 자신들에 대한 성찰과 반성은 찾아보기 힘들었다. 서안 지구를 떠나며 이러한 생각과 감정이 드는 것이 참 안타까웠다.

이런 생각으로 나의 서안 지구 탐방을 마무리하려고 했다. 아니, 적어도 마음 속으로는 끝을 맺었다고 생각했다. 그러나

"끝났다고 할 때까지 끝난 것이 아니다."라는 또 다른 말이 있 듯 나의 팔레스타인 지역 여행은 쉽사리 끝나지 않았다. 체크 포인트300에서 버스를 탈 때 2대의 버스가 동시에 출발했는 데 예루살렘 외곽 즈음에 이르렀을까, 잘 달리던 버스들이 멈 춰 섰다. 다른 차선의 승용차들은 잘 달리는 것을 봐서는 신 호에 걸리거나 앞에 사고가 난 것이 아니었다. 하염없이 기다 리다 보니 버스 앞문과 뒷문이 열리며 각각의 문으로 이스라 엘 무장 경찰 1명씩 탔다. 탑승객의 신분증을 요구하며 갖고 있던 태블릿으로 모두 조회를 하기 시작했다. 이 철저한 검문 검색에 감탄했다! 이스라엘 치안에 위협을 가할 수 있는 요소 를 하나도 빠트리지 않겠다는 이스라엘 보안 당국의 의지가 아닐까? 체크포인트300에서와 마찬가지로 나에 대한 검색은 내 여권을 보여줌으로써 1초도 걸리지 않았다. 물론 우리나라 의 위상이 미국의 위상만큼 대단한 것은 아니지만, 신분만으 로 차별이 만연한 지역에서 이러한 보안 검색에 침착히 잘 응 하기만 하면 아무런 탈이 없을 것이라고 생각한다.

예루살렘 구시가지 앞으로 돌아왔다. 헤어졌던 친구를 다시 만난 것처럼 또 다시 예루살렘을 보니 반가웠다. 나의 다음 목적지인 야드 바셈으로 가기 위해서는 트램으로 갈아타야 했다. 말이 갈아타는 것이지 우리나라 서울처럼 무료 또는 매우 적은 비용으로 환승하는 것이 아니라 다시 전액을 지불하고 타는 것이었다. 항상 느끼는 것이지만 우리나라는 생활 수준에 비해 대중교통비는 저렴하고 환승 제도가 정말 잘 되어있다고 생각한다.(그리고 얼마나 깔끔한가!) 트램을 타기 위해서 이 나라를 여행하기 시작한 지 첫째 날 버스 기사에게 강매 당하듯 구매했던 교통 카드를 충전해야 했는데, 트램 정류장에서 1회용 승차권을 구입할 수도 있었고 교통 카드를 충전할 수도 있었다. 우리나라처럼 교통 카드를 충전하기 위해서는 지하철 역을 가거나 몇몇 가판대를 찾아야 하는 것보다 편리했다. 물론 충전 행위 자체는 외국인이 아무런 도움 없이도 이용 가능할 정도로 편리하지는 않아서 나는 주변 현지인의 도움으로 (손쉽게!) 충전했다.

트램을 타보니 참 여러 종류의 사람들이 있었다. 나 같은 외국인도 있었고, 팔레스타인 사람, 이스라엘 사람, 그중에서

도 하레디들도 많이 보였다. 그
런데 야드 바셈에 가까워져 갈
수록, 터미널에 가까워지는 우
리나라 대중교통의 모습과 비슷
한 면이 있었다. 군복을 입은 이
들이 트램에 많아지고 있었다.
어느 순간부터 사막색의 전투
복, 올리브색의 정복을 입은 이
들이 트램에 몸을 싣고 있었다.
이곳 역시 징병제인 나라인가!
일상생활에서 군복을 쉽게 찾아
볼 수 있었고, 나 역시 군대를
다녀온 사람의 입장에서 보니
군복 입은 사람들은 나보다 훨
씬 앳된 모습의 친구들이었다.

트램에서도 쉽게 볼 수 있는 하레디들.
내 앞에도 앉아있다.

이스라엘의 군인 어린이들. 나도 저들과 비슷했을 것이라 생각하니 우리나라 국방의 안위가 아찔하다.

이스라엘의 핵심, 야드 바셈

이스라엘 군인 '어린이'들과 야드 바셈 근처의 정류장에서 내렸다. 야드 바셈으로 가는 골목에 들어서니 셔틀 버스가 있었는데 시간이 안 맞아서 500미터 정도를 걷기 시작했다. 야드 바셈은 세계 2차 대전 당시 희생된 유대인을 추모하기 위한 박물관이다. 이곳을 여행하기 전 작은 나라 이스라엘의 군대가 강해진 배경에 대한 책을 읽었는데, 책에서 지목한 여러 가지 배경 중 하나가 바로 이 홀로코스트 박물관이었다. 그래서 여행 계획을 세울 때 다른 곳은 못 가더라도 야드 바셈만큼은 반드시 넣었다.

10분 정도 걷다 보니 멀리 특이한 구조의 건물들이 보였다. 그러나 건물들보다 나의 시선을 사로잡은 것은 몇 대의 관광버스에서 내리는 사막색 전투복의 이스라엘

병사들이었다. 한 분대별로 버스에서 내리는 것 같았는데 얼핏 보아도 신병들인 것 같았다. 어깨에 소총을 맨 조교들이 한두 명 보이고 나머지는 막 고등학교를 졸업한 듯한 앳된 모습을 한 친구들이었다. 나이키 신발에 이어폰을 낀 친구도 있었고, 아디다스 가방을 맨 동기들과 장난을 치며 조교들을 따라가는 친구들도 있었다.

박물관 입장료 자체는 무료였지만 유료 안내지를 구입했다. 내가 이 나라에 와서 납부한 많은 부가가치세가 흘러 들어가서 박물관이 운영되고 있겠지만, 잘 갖춰진 시설에 지불하는 입장료는 아깝지 않기 때문이다. 안내지를 판매하는 사람은 이스라엘 어르신이었는데(봉사 활동을 하고 계신 것 같았다.) 외국 관광객들에게는 일일이 어느 나라에서 왔는지 물어보고 그 나라 사람에게 맞는 짧은 설명까지 곁들여주는 모습이 흥미로웠다. 한국에서 왔다고 말하자 안타깝게도 한국어로 된 것은 없다며 영어로 된 안내지를 주며, 주主 전시관 이외에도 다양한 전시관이 있다며 꼭 둘러보고 갈 것을 추천했다. 나중에 알게 된 사실이지만 야드 바셈의 주 전시관은 건축계에서 꼭 봐야 하는 건축물 중에 하나라고 한다. 안내 센터에서 다리를 건너면 들어갈 수 있는 눕혀진 삼각 기둥 형태의 건물은 지형을 잘 이용한 반지하 형태로 되어 있었다. 그리고 하늘을 향하고 있는 모서리는 유리로 되어 있어서 자연 채광이 되게끔 설계되었다. 실제로 밖에서는 다소 어두워 보였던 실내는 별도의 조명 없이도 어둡다는 생각이 들지 않았다.

야드 바셈 종합 안내소에서 다리를 건너야 눕혀진 삼각 기둥 형태의 전시관으로 건너갈 수 있다.

이렇게 찾은 주 전시관은 유대인이 겪은 고초에 대해 잘 정리해놓은 곳이라는 나의 생각과는 사뭇 달라서 꽤 놀랐다. 대신 그것보다 본질적인 내용으로 접근했다. 이 추모 박물관은 유대인의 고통과 희생의 근본적인 원인이라고 할 수 있는 히틀러와 나치Nazi 정권에 대해 방대하지만 아주 깊은 조사를 해놓았다. 조사의 범위가 넓으면 그 깊이가 깊지 않을 수 있지만, 이곳은 그렇지 않았다. 세계 2차 대전의 역사가 시작되기도 전 히틀러가 광기를 갖게 된 원인부터 나치 정권의 수장이 되어 전쟁을 시작하게 된 배경을 광범위하게 연구하고 기

빈 공간이 많이 남은 것을 볼 때, 자료 수집은 아직도 이루어지고 있다는 것을 알 수 있었다.

록한 내용을 볼 수 있었다. 그리고 이 내용은 단순히 글이 아닌 영상, 사진, 수집품 등 정말 다양한 매체를 통해 접할 수 있었다. 전시관의 전시 방향을 그대로 따라가다 어느 새 히틀러와 나치에 대해 열심히 공부하는 나를 발견했고, 순간 홀로코스트 추모 박물관이 아닌 세계 2차 대전 역사 박물관에 온 것 같았다. 그리고 나와 함께 '열공' 중인 독일인들도 자주 보였는데, 무슨 생각을 하고 있는지 궁금하기도 했다.

전시관의 반 가까이 히틀러, 나치 정권, 그리고 독일에 대한 분석이 끝난 후, 이 박물관의 주된 내용인 유대인이 겪은 고통과 유대인의 희생에 대한 내용이 나오기 시작했다. 그러나 여기서 다시 한 번 놀랐다. 흔히 이러한 기록들은 숫자, 그래프 등의 수치화된 시각 자료를 잔뜩 가져다 놓는 것이 일반적이다. 그러나 이곳은 달랐다. 어느 한 유대인 가족이 어느 지역에서 무슨 직업을 가지고 어떻게 살고 있었는지, 또 2차 대전 당시 어떤 이유로 무슨 일을 하다가 나치에게 붙잡혀서 어떤 죽음을 맞이했는지 더 이상 할 말이 없을 정도로 자세히 설명해 놓았다. 쉽게 말해 희생 당한 유대인 집의 숟가락

개수(실제 숟가락도 있었다!) 까지 조사해서 전시관을 찾는 이들에게 참혹함을 전달했다. 20세기 중반에 희생된 유대인도 21세기에 전시관을 관람하는 이들과 아주 똑같은, 지극히 평범한 삶을 살고 있었던 사람임을 강조하며, 그 참혹함을 느낄 수 있도록 했다. 그리고 더 무서운 것은 이 모든 것을 개별 사례별로 데이터베이스로 축적해 놓고 있었고, 이 작업은 지금도 계속 이루어지고 있었다.

수집된 자료들 위로는 희생된 사람들의 사진들이 가득하다.

이스라엘 여행에서 가장 인상 깊은 곳을 말하라고 하면 단연코 야드 바셈이다. 이스라엘과 유대인의 정수essence를 엿볼 수 있는 곳이다. 며칠 동안 이 나라를 여행하며 아무것도 없던 사막에 공항을 만들고 도시를 세운 것이나 팔레스타인을 완전하게 봉쇄하고 있는 등, 유대인의 철저함으로부터 무서움을 느꼈지만, 이곳만큼 그 무서움을 실감나게 느낀 곳은 없었다. 나는 크게 두 가지 생각이 들었다.

첫 번째로 이스라엘과 이스라엘 군대가 강할 수밖에 없다고 생각했다. 지피지기 백전백승, 나를 알고 적을 알면 백 번 싸워서 백 번 이긴다는 말이 있지 않은가. 이스라엘 사람들은 한 번 당한 치욕을 다시 겪지 않는다는 자세로 자국과 자국민에게 씻을 수 없는 고통을 안겨준 적敵의 모든 면에 대해 치밀하고 세세하게 조사했다. 더욱이 이 작업을 단순히 일회성으로 끝내는 것이 아니라 종전 70년이 지난 지금까지 더 열정적으로 하고 있었다. 그리고 신병들에게 이 안타까운 역사에 대해 교육시킴으로써 군대의 근간인 인적 자원(AI가 탑재된 첨단 무기 체계가 중요해진 21세기이지만 그 무기 체계를 운용하는 것은 결국 인간이다.)을 철저히 무장시키고 있었다. 이러한 사실들을 볼 때 이스라엘이라는 국가와 그 군대가 강한 것은 당연하다.

이와 같은 생각의 끝자락에서 두 번째 생각이 든다. 나는 우리나라 사람들, 사회, 정부가 아주 감정적이고 효율적이지 못한 방법으로 위안부 문제를 접근한다고 생각했다. 혹자는 나의 이런 판단이 틀렸다고 말할 수도 있겠다. 분명 우리나라도 일선 학교에서 이 슬픈 역사에 대해 교육한다. 또 경기도 광주에 일제 강점기 시절 일본군의 우리나라 여성에 대한 성 착취를 기록해놓은 역사관도 있다. 관련 시민 단체들의 주도로 매주 주한 일본 대사관 앞에서 수요 집회를 열며 각종 후원 물품 홍보와 보급이 활발히 이루어지고 있다. 그리고 정치인들은 때마다 이 이슈를 자신들의 도구로 활용하며 일본에 대한 강경 발언을 쏟아내고, 우리나라 사람들은 이에 고개를 끄덕인다. 언뜻 충분히 잘하는 것처럼 보인다. 하지만 쉽게 생각해보자. 당장 내일 아침 일본과 전쟁이 벌어지면 이러한 일을 막을 수 있을까?

아니다. 정확히 말하자면 나는 막는다고 확신할 수 없다.

물론 100년 전보다 양국의 국력 격차는 줄었고, 우리나라의 일본에 대한 연구도 많이 이루어졌다. 그리고 역사를 돌이켜 봤을 때 상대적으로 약국이 강국을 상대로 전쟁에서 승리한 경우도 더러 있다. 그러나 다시 한 번 묻지 않을 수 없다. 국력이 신장되고 상대에 대한 이해도가 제고되었다고 그런 일이 벌어지지 않을 거라고 자신 있게 말할 수 있는가? 이 땅에서 살아가는 사람들이 나라를 믿고 안심할 수 있는가? 우리나라는 패배에 대한 반성이나 철저한 분석보다는 억울함을 호소하고 있는 것이다. 이스라엘을 보라. 히틀러가 살아 돌아온다고 하더라도 또 당할 것처럼 보이는가? 지금의 이스라엘은 여전히 작은 나라이지만 비단 히틀러나 독일이 아니더라도 그 어떤 침략자에게 당할 것처럼 보이지 않는다.(사람이 살아가는 사회를 연구한 사회과학에서 가장 없어야 할 판단이 '절대'이기에 가능성이 절대 없다고는 할 수 없다.)

야드 바셈에서 머리를 한 대 얻어맞은 듯한 신선한 충격을 받고 다음 목적지로 향했다. 국토가 넓지 않은 이스라엘이었지만 왕래가 많은 텔아비브와 예루살렘에는 지하 고속 철도

가 있다. 지하 고속 철도를 타려면 우리나라 공항 철도역 같
은 곳으로 내려가야 하는데 그 깊이는 서울 지하철 6호선과
비슷할 정도로 매우 깊었다. 그리고 물론 역 입구에서부터 이
스라엘 그 특유의 삼엄한 경비를 만날 수 있었다. 한 방향으
로만 돌아가는 회전문을 들어가 소지품을 보여주고 금속 탐
지기를 통과해야 했다. 고속철이 곧 도착한다는 전광판의 안
내에 따라 서둘러 내려가 이스라엘 교통 카드를 찍었다. 하지
만 날 들여보내주지 않았다. 내 카드는 버스 전용이었던 것
같다. 티켓을 구입할 수는 있었으나 트램 정거장에서 다 쓰지
못하고 갈 정도로 넉넉히 충전한 버스 카드가 있어서 올라와
서 하레디들과 함께 텔아비브 공항행 버스를 탔다.

가자 지구로 가자

　텔아비브 벤구리온 공항에 도착해서 예약해놓은 아주 자
그마한 차량을 빌렸다. 나의 목적지는 가자 지구였다. 정확
히는 가자 지구 장벽을 볼 수 있는 이스라엘 – 가자 지구 접경
지역이었다. 가자 지구는 들어가볼 수도 없을뿐더러 들여보내

준다고 하더라도 가지 않았을 것이다. 나의 생명을 담보할 수 없는 곳에는 가지 않아야 하기 때문이다.

　이 나라에 도착한 날 밤에 느낀 바와 같이 이스라엘 사람들도 운전대 앞에서는 한 마리의 야수를 보는 듯했다. 신호가 바뀌기 전에 출발하는 '예측 출발', 차선을 이미 다 바꿔놓고 뒤 따르는 차량에 내가 차선을 바꿨음을 알려주는 방향 '통지', 위협적으로 차선을 변경하는 일명 '칼치기' 등 이스라엘 사람들의 운전 실력은 서울이나 부산 운전자들의 실력 못지 않았다. 텔아비브에서 가자 지구 인근까지 가는 길만 그런지 모르겠지만 끝없이 펼쳐진 평지의 곧게 뻗은 도로는 운전하기 편했다. 물론 곳곳에 도로 포장이 좋지 못한 곳에서 나의 엉덩이는 편하지 못했지만. 텔아비브에서 예루살렘으로 갈 때 봤던 풍경과 같이 풀 한 포기 없는 사막은 아니었지만 사막색 풍경을 이스라엘 운전자들과 함께 한 시간을 달렸을까, 굉장히 한적한 마을에 도착했다.

　이 마을은 우리나라 수도권의 신도시 같은 느낌이었다. 아직도 여기저기 건설 중인 주택이 보였고, 조금만 마을 바깥으로

아직 건설 중인 가자 지구 접경 지역의 주택. 가자 지구와 이스라엘을 분리해놓는 장벽과 장벽 아래 쪽으로 전기 울타리를 볼 수 있었다.

가도 정비되지 않은 곳이 눈에 띄었다. 상점이나 사회 기반 시설이 많지 않다 보니 당연히 길거리에서 사람들을 찾아보기 힘들었다. 나는 천천히 운전을 하며 어디서 가자 지구를 둘러싸고 있는 장벽을 볼 수 있는지 살펴보았다. 그러기를 십여 분, 자연스럽게 마을 끝자락에 이르렀다. 장벽이 보였다. 그저 느낌인 걸까, 서안 지구에서 본 장벽보다 더 높고 견고해 보였다. 나중에 이 마을을 빠져나가며 봤지만 실제로 전기 울타리도 있었으니 더 견고하다는 것이 틀린 말은 아니다. 서안 지구에서처럼 더 가까이 가볼 수 있었지만 참았다. 주변에 개미 한 마리도 없었지만 무슨 일이 일어날지 아무도 모르고, 내 목숨은 매우 소중하기 때문이다. 위안을 삼자면 나와 장벽까지의 거리는 400여 미터였는데 그 사이에는 아주 약간의 낮은 초목들밖에 없었기에 더 이상 자세히 볼 것도 없었다. 이로써 나는 이스라엘에 온 소기의 목적을 다 달성했다.

차를 타고 마을을 빠져나가는 길, 마을 입구를 지키고 있던 이스라엘 군인을 만났다. 그는 나에게 경례를 해주었고, 여러 가지 복합적인 동질감에 나 또한 그에게 존중의 의미로

경례를 해주었다. 그 군인은 나가는 모든 차량에 대해서 해주는 것일 수도 있겠다. 그러나 나 역시 그 군인처럼 갓 스무 살을 넘겨 나라를 지키는 신성한 의무를 다 했고, 어쩌면 어려운 지정학적 위치에서 살아가고 있는 비슷한 처지라는 마음에서 그에게 경례를 해주었던 것 같다.

텔아비브로 돌아가는 길, 이스라엘 운전자들과 또 한 번의 '레이싱'을 펼치며, 방금 방문한 마을이 이스라엘의 또 하나의 진면목을 보여주는 곳이라는 생각을 했다. 로켓포 공격이 언제 날아올지 모르고, 하마스 무장 세력이 침범할 수도 있다는 불안감 속에 살아야 함에도 불구하고 사람들은 그 마을에 살고 있다. 우리나라가 그렇듯 아무리 접경 위험 지역 거주에 대한 혜택이 있다 한들, 아무리 신이 약속한 땅이라도 목숨 앞에서는 행동이 바뀔 수도 있는데 그 마을에 살고 있는 사람들은 꿋꿋이 그곳에서 이스라엘을 넓혀나가고 있었다.

나는 해가 넘어갈 때쯤, 가자 지구 장벽과 같은 '거침'과 '위험'이 도사리는 곳에서 '문명'이 있는 텔아비브로 돌아왔고, 이 나라에서의 다섯 번째 날을 마무리했다.

이스라엘

6
일
차

이스라엘에서의 문화생활

　이스라엘에 온 지 6일이 되어가니 여행의 피로가 쌓이기 시작했다. 나 또한 유럽인들처럼 여유로운 여행을 즐기고 싶었지만 국제 정치·분쟁 분야에서 '아주 인기 있는 곳'이어서 열심히 돌아다닌 것 같았다. 그래도 책 한 권 가져와서 다 읽고 가니 만족스러웠다. 바쁘게 다녔지만 시간에 쫓기지 않은 것 같아 다행이라는 생각도 들었고, 그동안 잦은 야근에 읽지 못한 책도 읽어서 굉장히 만족스러웠다. 그럼에도 불구하고 피곤한 건 어쩔 수 없었다. 당초 이날은 사해를 보고 싶었는데 피곤해서 가지 않기로 했다. 텔아비브에서 사해까지는 많은 시간을 운전해야 했으니까 말이다.(이스라엘 사람들하고 도로 위에서 경쟁하는 것은 매우 힘들다.)

　　대신 텔아비브 미술관에 가기로 했다. 나는 1년에 열 차
례 가까이 예술의 전당 클래식 공연을 간다. 그런데 미술관은
한 번 갈까 말까 할 정도로 미술에 대해서는 잘 모른다. 그래
서 최근 미술에 대한 감각이나 지식이 너무 부족하다는 생각
을 하게 되었고, 미술 작품에 대한 소양을 쌓아보고자 텔아비
브 미술관으로 행선지를 정했다. 평소에 회사 다니면 문화생
활은 정말 힘들기 때문에 여행 와서라도 해야 하지 않겠느냐
는 생각이 들었다.

　　텔아비브 미술관 가는 길은 매우 간단했다. 며칠 전 갔었
던, 이제는 꽤나 익숙해진 야파 구시가지에서 버스를 한 번만
타면 갈 수 있었다. 텔아비브 도심을 남북으로 가로질러 30
분을 가니 미술관에 도착했다. 입구에서 보는 미술관은 그다
지 멋지지 않았다. 그런데 내부 구조는 정말 멋졌다. 미술관
전체적으로 햇살이 좋은 환경(이라고 하기에는 상당히 뜨겁지만)을
이용한 자연 채광은 물론이거니와 높은 천장의 커다란 중앙

텔아비브 미술관의 자연 채광

텔아비브 미술관의 기하학적 구조

로비를 가운데로 하여 멋진 기하학적인 구조를 갖고 있었다. 그 구조 디자인은 깔끔하여 예술 작품을 보는 데 방해되지 않았지만 따로 나와서 보면 아주 훌륭한 또 하나의 작품이었다. 미술 작품에 대해서는 잘 모르지만 유명한 화가의 이름 정도는 알고 있었는데, 그 유명한 화가들의 작품들도 있었다. 그 중에는 내가 알아보는 작품도 있어서 꽤 놀랐다. 인상파 화가들의 작품이 많았는데 인상파에서 빠질 수 없는 샤갈, 피카소, 모네, 그리고 심지어 클림트의 작품도 볼 수 있었다.

　세 시간 가량 쉬엄쉬엄 미술 작품과 건물에 대한 감상을 했다. 그리고 다시 숙소로 돌아와 내일 귀국을 위해 먼 길을 떠날 준비를 하며 휴식을 취했다.

이스라엘을

떠나는   날

이스라엘에서 맞는 마지막 아침이 밝았다. 피곤한 것도 있었지만 이제 일어나면 한동안 눕지 못한다는(왜냐하면 집까지 돌아가려면 거의 하루 가까이 밖에서 보내야 하니까) 생각에 조금이라도 더 누워있었다. 하지만 그러기도 잠시, 공항까지 가는 길과 공항에서 무슨 일이 벌어질 수도 있다는 생각에 얼른 일어났다. 나중에 알았지만 정말 잘한 일이었다. 어제 미리 사온 빵으로 아침을 간단히 해결하고 렌터카를 타고 아침 8시에 나섰다. 더운 나라 이스라엘도 이른 아침만큼은 선선했다. 안식일 아침이라 평소와는 달리 텔아비브 거리에 자동차도 거의 없어서 좋았다. 나 혼자 운전하고 다닌 느낌이었다. 내가 빌린 차는 문이 2개밖에 없는 아주 자그마한 자동차였다. 출장이든 여행이든 짐을 최소한만 챙기는 나에게는 충분한 크기의

차였다. 여행지에 와서 작은 차를 선택하는 건 주차의 용이성
도 있긴 하다. 물론 이번 여행에서 작은 차를 빌린 것은 기름
값 때문으로 이스라엘의 기름값은 상당히 비싼 편인데, 나는
이 사실을 곧 느끼게 되었다.

공항 근처에 와서 렌터카를 반납하기 전 주유를 하기 위
해 주유소에 들렀다. 이때, 침대에 몇 분 간 더 있고 싶었던
날 이끌어내던 걱정은 현실이 되었다. 처음에는 유럽에서처
럼 셀프 주유를 하고자 했다.(프랑스에서는 주유기 화면이 영어로도
나와서 편리했다.) 그런데 아무리 주유 기계의 언어 설정을 바꾸
려 해도 이스라엘 주유기 화면은 도저히 외국인이 할 수가 없
었다. 뾰족한 수가 없겠다 싶어 사람이 해주는 주유기에 차를
옮겨서 주유를 부탁했다. 40% 정도만 채우면 되는 상황이라
60세켈(우리 돈 약 20,000원)이면 충분할 것으로 생각했다. 하지
만 사람이 해주는 서비스에 기름값도 비싼 탓에 96세켈이 나
왔다. 나는 세켈을 이날 주유할 만큼만 남겨놨는데 말이다!

주유해주는 친구에게 나머지는 카드로 내면 안 되겠느냐

고 했더니 안 된다고 했다. 고객이 원하면 해주는 우리나라와는 큰 차이가 있었다. 그 친구는 근처에 ATM이 있다고 알려줬지만 ATM 역시 화면이 히브리어라서 어떻게 할 수가 없었다. 일부러 알려준 것일까? 괜히 기분이 나쁘기까지 했다. 할 수 없이 편의점에 들어가서 환전을 조금만 해줄 수 없겠느냐 물어보니 역시 안 된다고 했다. 오도가도 못하는 상황에 난감해하고 있었다. 그러던 와중에 계산하려고 서있던 어떤 사내가 소액이라면 자신이 도와주겠다고 했다. 그래서 나는 그 사내가 내미는 약간의 셰켈을 나의 아주 후한 달러로 바꿔줬다. 안 그랬으면 내 아까운 시간과 노력을 들여 다른 방안을 알아봤어야 할 테니까.

렌터카를 반납했다. 여느 공항처럼 반납하는 길을 잘 알려줬다. 물론 나는 내 구글 내비게이션을 믿고 갔다. 'Rent car return'이라고 검색해서 가는 것이 좋다. 무턱대고 차를 수령했던 곳으로 가면 안 될 것이다. 그런데 반납하는 곳에서 또 렌터카 셔틀을 타고 터미널로 가야 했다. 모든 공항은 다 고유의 애로 사항이 있는 듯했다. 세계에서 좋은 공항으로 손꼽

히는 우리나라 인천 국제 공항도 터미널이 나뉘어져 있다. 텔아비브 공항도 1터미널과 3터미널으로 나뉘어져 있다. 그리고 렌터카를 반납하는 곳도 멀다. 샌프란시스코 공항은 아예 4개의 공항이 붙어 있어서 환승의 개념이 아닌 입국을 해서 이동해야 한다. 렌터카도 환승도 터미널도 모두 편한 공항은 없을까? 그런 디자인은 불가능한 것일까?

국제선이 출발하는 3터미널에 도착했다. 서두른다고 서둘렀음에도 9시 30분이었다. 어쩌다 보니 벌써 세 번째 와보는 것이었지만 벤구리온 공항은 여전히 작은 공항이었다. 폐쇄적인 성향의 국가에서 입출국 혹은 환승 승객들이 많을 수 없기 때문에, 자연스럽게도 작은 공항이면 충분한 것일까. 중동이면 지리적으로 허브 공항을 해도 많은 돈을 벌 수 있겠지만 그런 것보다는 안전에 매우 민감한 국가이다 보니 그냥 그런 '사소한 돈벌이'는 포기하는 듯하다. 셀프 수속을 마치고 출국 심사를 받으려고 출국 심사 게이트로 갔다. 그런데 역시나 들어오는 것도 어렵고 나가는 것도 결코 쉽지 않았다.

들어올 때는 내 마음대로, 나갈 때는 이스라엘 마음대로

출입국 심사 요원은 나에게 다짜고짜 벽 뒤의 보안 요원에게 가라고 했다. 어리둥절해 하고 있으니 (쓸데 없이!) 친절히 기둥 뒤로 돌아가면 된다고 알려줬다. 기둥 뒤로 돌아가니 카운터에 보안 요원이 날 아주 반갑게 맞이했다. 차라리 험상궂은 표정으로 날 맞이하면 그러려니 할 텐데, 오히려 기분이 썩 좋지 못했다. 보안 요원에게 나의 여권을 보여줬다. 그는 내 이름, 국적, 고향, 현재 거주 지역, 졸업한 학교, 다니고 있는 회사 등 나에 대해 아주 상세히 물었다. 그의 입은 미소 짓고 있었지만 날카로운 두 눈은 조금이라도 자연스럽게 대답하지 않으면(혹은 너무 자연스럽게 얘기하면) 당장이라도 잡아갈 기세였다. 하지만 나는 청산유수로 답을 했고(그러지 못할 이유도 없지 않는가!) 심지어 내가 다니는 회사는 벤구리온 공항과 연결되어 있는 이스라엘 국영 기업인 이스라엘항공우주산업 Israel Aerospace Industries과 일한다고 하니 그의 얼굴에서 자국에 대한 자부심을 느낄 수 있었다.

그러나 이것은 시작에 불과했다. 나의 여권을 이리저리 살펴보던 그는 내가 여러 나라를 방문한 것을 두고 여행을 좋아하는지, 왜 여행을 자주 가는지 등을 물었다. 내가 세계적인 스파이International Man of Mystery처럼 보이나? 앞선 질문이 평이했기에 방심하고 있었던 나에게, 그는 내가 모로코를 방문한 것을 발견하고 방문 이유에 대해 캐묻기 시작했다. 모로코가 아랍권 국가라고 이런 것까지 물어보는 것인가! 누구와 언제 갔는지, 모로코에서 무엇을 했는지, 모로코에 아는 이는 없는지 등 아주 상세히 물어봤다. 하지만 내가 가족과 모로코에 머문 것은 고작 이틀뿐이었고, 대한민국 사람 중 모로코에 지인이 있는 사람이 몇이나 되겠느냐고 대답하니 그는 꽤나 수긍하는 표정을 지었다.

끝날 것 같았던 그의 날카로운 질문은 좀처럼 쉽게 끝나지 않았다. 이후 그는 '이제 곧 이스라엘을 떠나는' 나에게 이스라엘을 방문했던 목적, 방문한 곳, 특히 왜 그곳에 갔는지 등을 아주 집요하게 물어봤다. 난 '대부분' 사실대로 대답했다. 텔아비브에서 시작하여 예루살렘을 방문하고 다시 텔아비브로 왔다고 했다. 그러자 그는 국제 정치를 전공했고, 국제 정치의 그 잔혹한 현실을 보고자 했던 내가 베들레헴, 서안 지구에는 가지 않았는지 물었다. 꽤 날카로운 질문이었다. 하지만 그의 예리함에 당할 내가 아니었다. 나는 '모든 이스라엘 젊은이들처럼'(이라는 부분을 매우 강조했다!) 병역의 의무를 다했고, 그 경험을 비춰봤을 때 팔레스타인 구역인 서안 지구에서 나의 안전을 장담할 수 없지 않겠느냐고 그에게 반문했다. 물론 가지 않았다고 말하지는 않았다. 그러자 그는 나의 군대 이야기에 매우 인상 깊었는지 고개를 끄덕이며 내 여권에 바코드를 붙여줬다. 날카로운 눈매를 가진 보안 요원과 다음에 또 만나자는, 말도 안 되는 인사를 하고 내 갈 길을 재촉했다.

사실 나는 이 같은 상황에 대비했다. 물론 실제로 나를 붙잡을 것이라고 생각하지는 않았지만 그럼에도 불구하고 철저한 준비를 했다. 잠깐 아이다 난민촌으로 시간을 돌려보자. 쿠사이네 가족들과 저녁을 먹고 나서 이야기할 때였다. 쿠사이가 나에게 베들레헴의 사진을 많이 찍었느냐고 물었고, 나는 그렇다고 답했다. 그러자 쿠사이의 누나는 나에게 서안

입국할 때는 이 사진의 오른쪽 아래 길로 들어왔다. 이 길 끝에서 무작위 검문에 걸렸던 것이 일주일 전이었다.

지구에서 찍은 사진을 전부 이메일이나 웹하드에 저장해놓고 지우는 것이 좋다고 말해줬다. 그 이유는 벤구리온 공항에서 출국할 때 나 같은 외국인은 휴대폰 검사를 당할 수 있다는 것이었다. 그녀의 유럽인 친구 중에 한 사람은 출국하려다가 우연히 걸린 무작위 휴대폰 사진 검열에서 베들레헴을 방문했다는 것이 밝혀져 공항 모처로 '임의 동행'하게 되어 3시간 이상 조사를 받았다고(또 비행기를 놓친 것은 보너스였다고) 한다. 이 말은 곧 베들레헴, 서안 지구를 방문했음을 사실대로 말하지 말라는 것이었다.

남자 혼자 여행 다닌 내가 베들레헴을 다녀왔다고 하면 3시간이 아닌 3일은 조사 받아야 할 것 같았다. 그래서 출국 심사가 어려울 것을 각오했었고 사진도 모두 이메일에 저장해놓았다. 독자들이 이 책에서 볼 수 있는 베들레헴의 사진은 하마터면 소개하지 못할 수 있었음을 알아줬으면 좋겠다.(물론 인터넷에서 전문 기자들이 촬영한 고화질의 더 멋진 사진을 찾아볼 수 있다.)

고강도의 보안 검열을 받았음에도 불구하고 이스라엘을 떠나기는 여간 쉽지 않았다. 왜냐하면 소지품 검사에서도 이제껏 받아보지 못한 수색을 받았기 때문이다. 본격적인 가방 검색 전, 검색 요원은 오늘 아침 호텔에서 나서기 전 언제 누가 짐을 챙겼는지, 공항까지 오는 길에 다른 이가 가방을 만지지는 않았는지, 또 계속 가방을 곁에 뒀는지 등을 물어봤다. 그리고 여행 중 누군가에게 선물을 받은 적이 있느냐고 묻기도 했다. 어쩌면 모든 공항에서 물어봐야 할 질문 같았고, 나는 그 철저한 질문에 놀랐다. 보안 요원은 내가 질문에 답을 끝내기 무섭게 가방을 열어봐도 되겠냐고 물어봤고, 그래도 된다는 나의 대답이 떨어지기도 전에 내 가방을 열더니 화학물 탐지봉으로 가방 이곳저곳을 뒤지며 폭발물 반응을 찾아내려고 했다. 웃는 얼굴로 내 가방을 수색한 보안 요원은 만족스럽지 못한지 내 가방을 금속 탐지기와 엑스레이 검사대까지 통과시켰다. 이쯤 되면 폭발물처럼 생긴 금속 물건이라도 가방에 미리 넣어두어 그들에게 수색의 보람을 느끼게 해주고 싶을 정도였다.

소지품 검색까지 마치고 출국장으로 들어서자 비로소 이스라엘을 떠날 수 있겠다는 생각이 들었다. 입국할 때 잠깐 봤던 출국장은 사막의 오아시스와 같았다. 삭막한 사막과 같은 출국 절차를 거쳤으니 탑승 전 잠시 쉬어가라는 뜻인가? 오아시스의 한 테이블에서 물을 마시며, 꺼진 불도 두 번이고 세 번이고 다시 보는 이스라엘의 철저함에 많은 생각이 들었다. 이러한 정신이 지금의 이스라엘을 만든 것일까? 척박한 자연 환경 속에서 지중해를 제외한 삼면三面을 적성국과 맞대면서 생존을 넘어서 주변 정세를 이끌어 나가는 모습은 놀라울 뿐만 아니라 무섭기까지 했다. 입국에서부터 출국까지, 소문으로만 들었던 이스라엘의 철저함을 온몸으로 느끼고 이스라엘을 떠나는 탑승 게이트로 들어갔다.

전광판 아래가 입국하면 들어오는 통로였다. 햇살이 비치는 출국장은 정말 사막의 오아시스 같았다.

에필로그

귀국길에는 비행편이 제한적이어서 모스크바를 경유했다. 10월의 첫 번째 주말이었지만, 모스크바의 날씨는 텔아비브의 이글거리는 뜨거움과 거리가 멀었다. 환승 게이트에서 바라본 모스크바 하늘은 금방이라도 눈이 내릴 듯 추웠다. 공항 야외 근무자들은 벌써 두꺼운 외투를 입었다. 탑승 안내에 따라 서울행 비행기를 타려니 연결 통로에서 불어오는 차가운 바람에서 돌아가면 마주할 냉혹한 현실을 느꼈다. 하지만 다른 나라 항공사 승무원들에게는 받을 수 없는 대한항공 승무원들의 따뜻한 미소와 내 가족과 내 친구들이 있는 내 나라로 돌아간다는 것이 마음을 놓이게 했다. 그리고 고추장을 하나 더 추가해서 먹은 비빔밥은 어찌나 맛있던지 찬 바람에 한껏

움츠러든 마음을 녹이기에 충분했다.

책을 시작하며 내가 던진 질문들이 있었다. 매체에서 접하는 것들이 정말 사실인지, 그것을 보고 우리 마음대로 가치 판단을 해도 되는지, 우리의 기준으로 옳고 그름을 논해도 되는지 궁금했다. 물론 그러한 판단은 개인의 자유지만 적어도 현실을 조금이라도 보아야 하지 않을까? 조금이라도 직접 하거나 보거나 듣지 않고 내리는 판단은 매우 설익고도 위험한 것이라고 생각한다. 비록 매우 얕은 지식과 정말 좁은 생각의 그릇으로 바라본 이스라엘의 단편적인 모습들이지만, 이 책을 읽는 이들이 이스라엘과 팔레스타인, 또 그들의 관계에 대한 판단을 함에 조금이라도 도움이 되었기를 바란다.

귀국해서 가족들, 친구들, 주변 사람들에게 이스라엘에서 내가 보고, 듣고, 직접 경험한 이야기들을 풀어놓았다. 이것을 바탕으로 친구들과 함께 우리가 살아가는 나라, 가족과 친구들이 살아가는 이 땅이 나아가야 할 방향에 대해 생각하고 이야기 나누었다. 언젠가 이런 고민들과 대화들이 우리 삶의 터전을 지금보다 더 나은 곳으로 만듦에 도움이 될 것이라는 희망을 갖고 말이다. 비록 아주 잠깐 보고 온 것이지만, 내 이야기가 이 책을 읽는 이들에게 또 다른 영감을 줬으면 하는 바람도 있다.

완전히 현실로 돌아와 출근과 퇴근, 그리고 잦은 야근을 반복했다. 그래도 퇴근 후 집으로 돌아와 10분, 20분씩 이스라엘로 돌아가보았다. 여행 도중 숙소에 일찍 들어간 날 쓰기도 했지만, 못 쓴 날들이 많아 퇴근하고 이스라엘 이야기를 조금씩 채워나갔다. 그러길 8개월이 지난 어느 날, 드디어 다 썼다.(라고 하면 엄청 게을러 보이지만 다른 책도 읽고, 운동도 하고, 친구들도 만나야 했으니까.)

퇴근하고 온전한 내 삶을 살아간다는 것이 참 쉽지 않았다. 오늘도 가족을 위해 매일 출근과 퇴근을 반복하는 모든 성실한 가장들께 경의를 표한다. 지금은 은퇴하셨지만 우리 집에도 한 분 계신다.

이스라엘
프로젝트

초판 1쇄 인쇄	2020년 09월 29일
초판 1쇄 발행	2020년 10월 08일
지은이	권성욱
펴낸이	김양수
디자인·편집	이정은
교정교열	박순옥
펴낸곳	휴앤스토리
	출판등록 제2016-000014
	주소 경기도 고양시 일산서구 중앙로 1456(주엽동) 서현프라자 604호
	전화 031) 906-5006
	팩스 031) 906-5079
	홈페이지 www.booksam.kr
	블로그 http://blog.naver.com/okbook1234
	포스트 http://naver.me/GOjsbqes
	이메일 okbook1234@naver.com
ISBN	979-11-89254-43-8 (03980)

＊ 이 책의 국립중앙도서관 출판시도서목록은 서지정보유통지원시스템 홈페이지(http://seoji.nl.go.kr)와 국가자료종합목록 구축시스템(http://kolis-net.nl.go.kr)에서 이용하실 수 있습니다.
(CIP제어번호 : CIP2020041807)

＊ 이 책은 저작권법에 의해 보호를 받는 저작물이므로 무단전재와 무단복제를 금지하며, 이 책 내용의 전부 또는 일부를 이용하려면 반드시 저작권자와 휴앤스토리의 서면동의를 받아야 합니다.

＊ 파손된 책은 구입처에서 교환해 드립니다.   ＊ 책값은 뒤표지에 있습니다.

＊ 이 도서의 판매 수익금 일부를 한국심장재단에 기부합니다.